ナンバーセンス

ビッグデータの嘘を見抜く「統計リテラシー」の身につけ方

NUMBERSENSE
How to Use Big Data to Your Advantage

カイザー・ファング
矢羽野薫＝訳

Kaiser Fung

CCCメディアハウス

ナンバーセンス

ビッグデータの嘘を見抜く「統計リテラシー」の身につけ方

ブックデザイン　岡本健＋

ナンバーセンス　目次

第4部 スポーツデータ

プロローグ

1990年も暮れようというころ、アメリカウエスト航空は強烈な向かい風にあおられていた。中東情勢の悪化により出張族が激減し、航空業界全体がきりもみ降下を始めていた。景気が後退して燃料費は高騰。事業拡大に成功したのもつかの間、自分の成功で自分の首を絞めているようなものだった。

この年はアメリカウエスト航空にとって当たり年だった。同社は、空の世界では名の知れた業界コンサルタントのエド・ボーヴェが1983年に創業した。新興エアラインながら、1990年に年間収益10億ドルを達成。米運輸省が定義する「主要航空会社」の仲間入りを果たし、NBA（全米プロバスケットボール協会）のフェニックス・サンズのオフィシャル・エアラインになった。

翌1991年に湾岸戦争が始まると、ライバル会社は次々に力尽きていった。イースタン航空、

■図表P-1 米西海岸の5つの空港を集計すると遅延率はアメリカウエスト航空のほうが低い

	アラスカ航空	アメリカウエスト航空
運航便数	3775	7225
遅延した便数	501	787
遅延率	13%	11%

ミッドウェー航空、パン・アメリカン（パンナム）航空、トランスワールド航空（ＴＷＡ）。アメリカウエスト航空は中核の西海岸路線を残して事業を縮小し、運賃を半額にし、１億２５００万ドルを調達して延命を図った。しかし傷は業界全体に広がっており、アメリカウエスト航空が拠点とするアリゾナ州フェニックスの市場も価格競争に飲み込まれた。

さて、あなたはマーケティング部門の責任者として、アメリカウエスト航空に乗りたいと人々に思わせる戦略を考えている。そこへデータアナリストから、定時運航に関する分析が届いた。１９８７年以降、アメリカの航空会社は運輸省に毎月、遅延した便のデータを報告している。そして、最新の報告でアメリカウエスト航空は最も成績が良かったのだ。遅延した便はわずか11%。やはり西海岸路線を主力とする似たような規模のアラスカ航空は13%だった（図表P-1）。

あなたの頭のなかに、新しいテレビＣＭが浮かんできただろう。

高級スーツをまとった男性がリムジンから降りてくる。車体には「アメリカウエスト航空」のステッカー。空港のセキュリティチェックに並んだ搭乗客が順番でもめているのをよそに、男性は空飛ぶ

■図表P-2　米西海岸の5つの空港すべてで遅延率はアラスカ航空のほうが低い

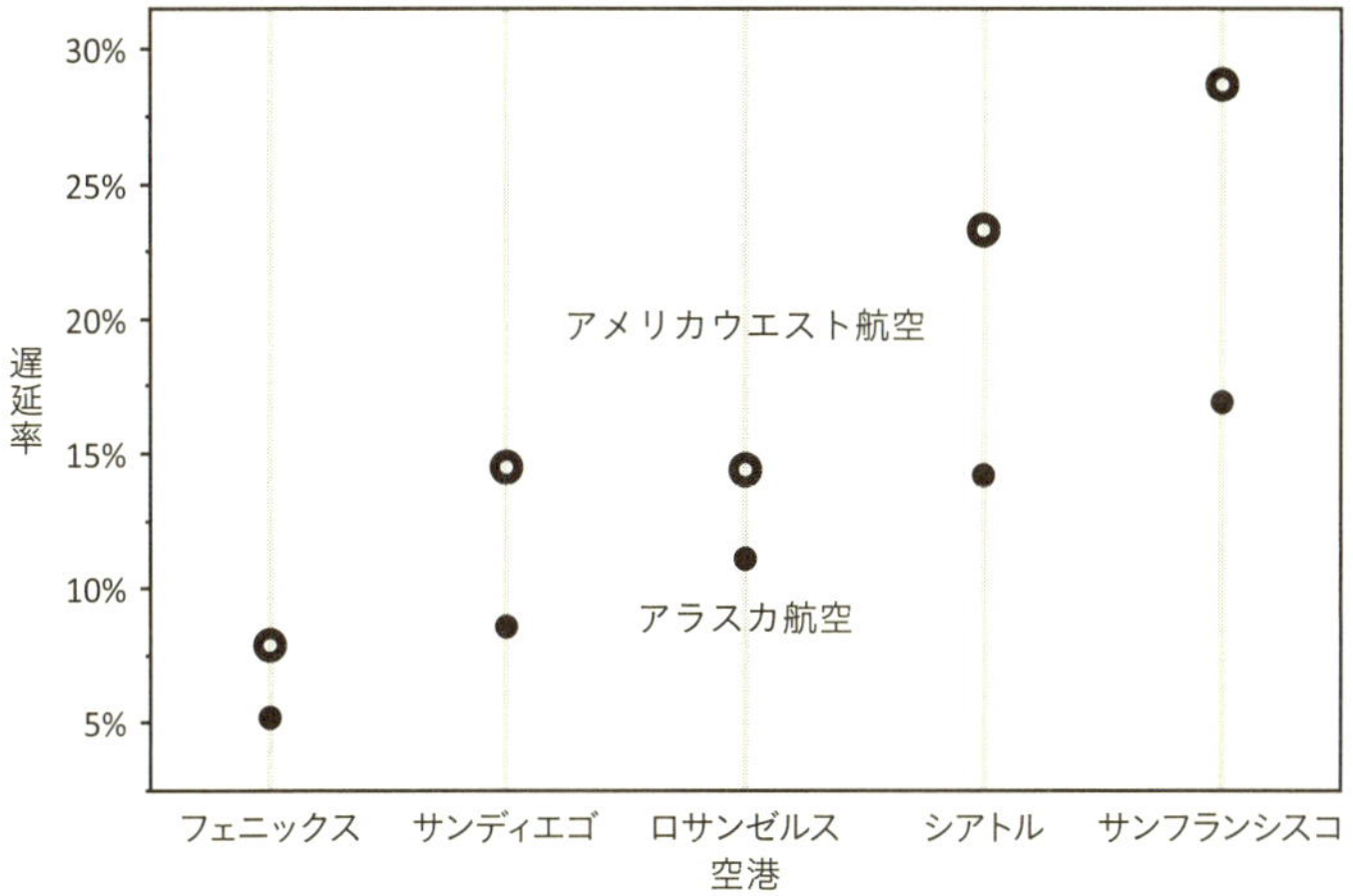

じゅうたんに乗ったかのように目的地へ。クライアントと握手をして契約書にサインをしたため、満面の笑みを浮かべながら、自分の胸元のステッカーを指さす――。

実際は新しいＣＭどころではなかった。１９９１年夏にアメリカウエスト航空は連邦破産法の適用を申請。３年後にようやく経営再建を果たした。

待ち受ける運命はさておき、あなたには惨事を回避できる可能性もあった。アナリストにさらに詳細な分析を指示していたら、喜べない驚きが浮かび上がってきたはずだ。

図表P-2を見てほしい。「平均的な」運航状況ではアメリカウエスト航空がアラスカ航空に勝るが、データをより詳細に分析すると、米西海岸の五つの空港すべてでアラスカ航空のほうが遅延は少ないのだ。もう一度、表を見てほしい。サンフランシスコやサンディエゴ、シアトル、ロサンゼルスでも、本拠地のフェニックスでさえ、遅延率はアラスカ航空より高いではないか。アナリストが計算を間違えたのだろうか。いや、計算は確かに正しかった。

これらの数字に隠されている事実は数ページ先で説明する（我慢できない人は、このプロローグの最後に飛んでもらってもかまわない）。ここでは、次の二つの結論のいずれについても、データによる裏づけがあるという前提で話を進めたい。

1　アメリカウエスト航空の定時運航の割合は、平均でアラスカ航空に勝る。

2　アメリカウエスト航空の定時運航の割合は、空港ごとに比べるとアラスカ航空に負ける。

矛盾する結論のどちらも成立することは、めったにないが、ありえない話ではない。あるデータセットの一部が意味するストーリーが、同じデータセットの別の部分が意味するストーリーと矛盾するだけのことだ。

こんな本は燃やしてしまえ、嘘つき統計学者とは二度と口をきくものか——あなたが今、そう思っているとしても無理はない。ただ、ひとつだけ知っておいてほしい。私たちはビッグデータという新しい世界に暮らしているのだ。その世界では、数字をいじってひと儲けしようと企む人々から逃れることはできない。データが多いほど、考えられる分析の数は幾何級数的に増える。分析の数が多ければ、あやしい分析も増える。数字に対する明晰な頭脳が、かつてないほど緊急に求められているのだ。

「ビッグデータ」は、２０１０年代の初めごろからハイテク業界の流行語になった。ハイテク業界は聞こえのいい単語二つの新しいコンセプトが大好きだ。「ブロード・バンド」「ワイヤー・レス」「ソーシャル・メディア」「ドット・コム」、そして「ビッグ・データ」。ビッグデータとは、「大量のデータ」という意味だ。それ以上でも、それ以下でもない。マッキンゼー・グローバル・インスティテュートは、「標準的なデータベース・ソフトウェアの取り込みや保存、管理、分析の能力を超えた大きさのデータセット」と定義する。彼らが２０１１年に初めて「ビッグデータ」を取り上げたリポートは、数十テラバイトから最大で数千テラバイトを「大きい」と見なしている。

私の考えるビッグデータは、業界の基準より範囲が広い。肝心なのはデータが増えていることではなく、データの「分析」が増えていることだ。より多くの分析を、より迅速に提供できる人材が、より多く求められている。ビッグデータ時代の真の原動力は、データの量ではなく有用性だ。失業率やインフレなどの経済指標について調べたければ、米労働省の労働統計局のサイトで膨大なデータを入手できる。ニューヨークのレストランの衛生状態に関心があれば、市の保健所がオンラインで公開しているデータベースで過去の検査結果を検索できる。数年前にトヨタがアクセルペダルをめぐる大規模リコール騒動に巻き込まれた際の報道で広く明らかになったように、米運輸省の道路交通安全局は安全に関してドライバーから寄せられた苦情を公開している。1990年代前半以降、ヤフー・ファイナンスやイートレードなどさまざまなサイトから、株式やミューチュアルファンドなどの投資実績に関する各種データをダウンロードできるようになった。

企業が所有するデータを自ら公開する場合もある。DVDレンタルとストリーミングメディアの大手ネットフリックスは顧客に提供する「おすすめ情報」の精度を向上させるために、2006年に予測分析のアルゴリズムを作成するコンテストを開催。素材として顧客データ(映画につけた点数)1億件を公開した。実在のプロ選手で仮想のチームを編成し、対戦をシミュレートするファンタジー・スポーツにはインターネットの普及でさまざまなデータが大量に提供されるようになり、参加者は統計を駆使して勝利をめざす。おかげで周辺のビジネスも大きく発展した。

かつては大量の紙に印刷されていたデータが、スプレッドシート上のデータとしてネットで一気に広まる。これほど大量のデータが無料で簡単に手に入れば、当然ながら分析結果も増える。

ビル・ゲイツの人生は、アメリカの典型的なサクセスストーリーだ。超優秀な若者が大学を退学し、起業して、つくったソフトウエアは全世界のコンピュータの90％を動かすまでになった。桁外れのカネを稼いだら早々に引退。巨額の私財を慈善活動に投じている。ビル＆メリンダ・ゲイツ財団は、途上国のマラリア対策やアメリカの高校教育改革、エイズ研究などの分野に大胆な支援を行い、高く評価されている。また、データを重視して判断を下すことでも知られている。

ただし、データにもとづいていれば判断を誤らない、という意味ではない。2000年以降、ゲイツ財団は学校の小規模化を奨励し、全米で数多くの学校を支援してきた。アメリカの教育界では当時、「成績ランキングの上位に小規模な学校が不釣り合いなほど多い」という統計上の発見が注目されていた。たとえば、ペンシルベニア州の小学5年生のリーディングの成績は、上位50校のうち12%が小規模な学校だった。この数字は、成績と学校の規模に関連性がないという前提で計算した場合の4倍にあたる。ゲイツ財団は学校の規模がカギを握ると考え、1学年100人までを目安に大規模な学校を分割する改革を提案した。

たとえば、ワシントン州のマウントレイク・テラス高校の全校生徒1800人は、2003年度から五つの学校に分かれた。ディスカバリー校、イノベーション校、ルネサンス校などと命名された新しい学校は、いずれも以前の校舎をそのまま使った。ゲイツ財団の教育部門のトム・バンダー・アーク事務局長は当時、次のように説明した。

「貧しい家庭の子供の大半は大規模な学校に通い、性格や個性に関係なく、成績順のクラスに押し込まれる……小規模な学校は（大規模な学校に比べて）前向きな雰囲気や高い期待が生まれやすく、改良されたカリキュラムで適切な指導が行われやすい」

そして10年後、ゲイツ財団は大きく方針を転換した。学校の規模を、成績向上の唯一の解決策と考えるのをやめたのだ。現在は革新的なカリキュラムの作成や、教え方の質を向上させることに力を入れている。というのも、財団が自ら詳細に調査した結果、規模を再編成した学校で生徒の成績が向上しておらず、むしろ低下した例もあったからだ。

この数百万ドル規模の判断ミスに対し、SAT（大学進学適性試験）を実施する教育機関ETSの主任研究員を長く務めた経済学者のハワード・ウェイナーは、回避できたはずだと指摘した。たとえば、先に挙げたペンシルベニア州の5年生のリーディングの成績は、上位50校のうち12%が小規模な学校だっただけでなく、下位50校のうち18%も小規模な学校が占めていた。つまり、最下層でも小規模な学校が不釣り合いなほど多いのだ。データのどの部分に注目するかによって、分析結果が正反対になる。飛行機の遅延に関するデータの例と同じだ。重要なのは、どれだけ多くのデータを分析するかではなく、どのように分析するかだ。

ゲイツ財団のケースは別の問題も浮き彫りにする。データ分析は厄介な仕事で、つねに正しい答えを出せる人などいない。官僚であれ専門家であれ、どんなに優秀な人でも間違える余地は必ずある。なぜなら、完全な情報は存在しないからだ。「一流の学術誌に掲載されている」という言い訳は、「余計な質問をするな」という意味にすぎない。そして、ビッグデータの時代にそんな言い訳は通用しない。

パーキンソン病や高血圧など、ある疾患に関連する遺伝子が特定されたという研究はこれまでに数多く発表されてきた。しかし、専門家による評価プロセスを経て、遺伝子に関する発見がほかの研究によって確認されたものは、そのうち30%にすぎない。残りはいわゆる偽陽性（間違った陽性）だ。

もっとも、最初の発見で大騒ぎをしたメディアが、訂正の続報を伝えることはまずない。だからこそ、データアナリストはより質の高い分析を求められている。

学校の規模に関する最初の分析をウェイナーが担当していたら、より広い視点でデータを捉え、規模は見せかけの条件だと気がついただろう。小規模な学校ほど成績が良いという説は、裏づけとなる数字がなかった。ひとりひとりに目が行き届くほうが生徒のためになるというのも、かなり直感的な主張だ。学校の規模と成績のあいだに相関関係が存在するとしても、学校の規模が、成績という結果の原因になると結論づけるには不十分だ（データ分析における因果関係の問題点については、前著『ヤバい統計学』第2章でも論じている）。

ビッグデータは基本的に、因果関係について何かを語るものではない。データの洪水が、隠れていた因果関係をさらけ出すというのは、ありがちな誤解だ。ウェブ上のクリックを追跡するクリックトラッキングの分析は、デジタルマーケティングの成功を証明するデータとして引き合いに出されることも多い。商品を購入した行為と、バナー広告や検索連動型広告が結びつけば、これほど強力な証拠はない。だが、実際の流れははるかに複雑だ。

たとえば、私があるサイトでサムスンのギャラクシーのバナー広告をクリックしたとする。しかし結局、買い物かごに入れたままログオフした。7日後、私はサムスンがアップルを揶揄するCMを見て気に入った。そこで7日前のサイトを再び訪れ、買い物かごの中身を購入する手続きを済ませた。ところが、私のウェブの履歴を解析したアナリストは、購入に至った本当の原因がわからないだけでなく、バナー広告と購入行為を結びつけて「間違った陽性（偽陽性）」判定をしかねない。アナリストの手元にあるデータからは、私がバナー広告をクリックしたことしかわからないからだ。これはウェブ解析の世界ではよくある間違いだ。ほかにも次のようなケースが考えられる。

＊承認されたトランザクション数と記録されたクリック回数が同じになることはない。

＊クリックを1回もたどれないトランザクションもあれば、複数のクリックを伴うトランザクションもある。

＊売買を履行するクリックの数秒前に受信されるトランザクションもある。

＊メールを開封せずに、本文に記されたリンクをクリックする人もいると考えられる。

＊同じ人が5分間に100回、同じ広告をクリックしているかもしれない。

ウェブ上のログデータは混沌とした世界だ。あるサイトのトラフィックを二つの業者が解析すれば、導き出された数字が一致することはまず考えられない。その差は20〜30%に及ぶときもある。ビッグデータの時代には、より多くの分析が生まれると同時に、問題のある分析も多くなる。専門家や数字の天才と言えども完ぺきはありえない。そして問題のあるデータは、よからぬ輩が悪意をもってあおるだけでなく、善意のアナリストも騙されかねない。データがあふれるこの世界で、消費者はことさら数字を見抜く力を磨かなければならないのだ。

データは理論に正当性を与える。ただし、正しい分析も間違った分析も、すべて何らかの理論にもとづいている。

間違った理論をデータで救うことはできない。しかも、間違った理論と間違ったデータ分析の組み合わせはきわめて危険だ。２０１２年の米大統領選で、共和党の世論調査の専門家は数字の火遊びにはまって大やけどを負った。火の回りは早く、選挙参謀のカール・ローブはＦＯＸニュースの開票速報番組で取り乱した。民主党候補のバラク・オバマが激戦州のオハイオを制したことが伝えられ、事実上の勝利が決まっても、ローブは最終的な数字ではないと主張。生放送中に司会者を集計結果の確認に走らせたが、オハイオの結果は「99・９５％正しい」とわかっただけだった。

ローブをはじめ、ジョージ・ウィル、ニュート・ギングリッチ、ディック・モリス、リック・ペリー、マイケル・バローンたち共和党の重鎮は、自陣のミット・ロムニー候補の楽勝を信じていた。彼らの予想を裏づけるデータもあった。しかし、世論調査分析のスペシャリストとして名高いニューヨーク・タイムズ紙のネイト・シルバーのブログ「ファイブ・サーティ・エイト」を読んでいた人々は、共和党がどうして余裕でいられるのかと不思議だったかもしれない。たとえば、２０１２年9月に行われたいくつかの世論調査は、約4ポイント差で現職のオバマが安定したリードを保っていることを示唆していた**（図表P-3）**。

敗北が決まった直後、ロムニー陣営は茫然とするしかなかった。彼らは異なるデータセットをも

■図表P-3 米大統領選の世論調査結果（2012年9月に実施）

調査名	実施日	オバマ支持(%)	ロムニー支持(%)	差
IBD／CSM／TIPP	9/4-9/9	46	44	オバマ+2
CNN ／オピニオン・リサーチ	9/7-9/9	52	46	オバマ+6
ABCニュース／ワシントン・ポスト	9/7-9/9	49	48	オバマ+1
デモクラシー・コープス(民主党系NPO)	9/8-9/12	50	45	オバマ+5
CBSニュース／ニューヨーク・タイムズ	9/8-9/12	49	46	オバマ+3
FOXニュース	9/9-9/11	48	43	オバマ+5
NBCニュース/ウォール・ストリート・ジャーナル	9/12-9/16	50	45	オバマ+5
モンマス大学/サーベイUSA/ブラウン大学	9/13-9/16	48	45	オバマ+3
リーゾン・ループ／ PSRAI	9/13-9/17	52	45	オバマ+7
平均				オバマ+4

出典：RealClearPolitics.com、UnskewedPolls.com

とに、勝利を予測していたようだ。**図表P-3**ではなく、**図表P-4**の「補正後」に近いデータを用いたのだろう。

図表P-4のデータをはじき出したのは、ネイト・シルバーに対抗して世論調査解説サイト「アンスキュードポールズ（UnskewedPolls.com）」を立ち上げたディーン・チェンバーズだ。アンスキュードは共和党重鎮のお気に入りになった。チェンバーズの計算では、どの世論調査もロムニーが断然、優位だった。その差は平均7ポイント。4ポイント差の負けを7ポイント差のリードにひっくり返したのは、大盛りの理論と、ひとつまみの問題あるデータだった。

チェンバーズは、景気回復の遅れと労働市場の惨状に不満をくすぶらせる共和党支持者が、大統領選に熱い思いをぶつけるだろうと考えた。選挙の世論調査は基本的に、「投票するであろう人」

■図表P-4　補正後の米大統領選の世論調査結果（2012年9月に実施）

調査名	実施日	オバマ支持(%)	ロムニー支持(%)	差	差(補正前)
IBD／CSM／TIPP	9/4 - 9/9	41	50	ロムニー+9	オバマ+2
CNN／オピニオン・リサーチ	9/7 - 9/9	45	53	ロムニー+8	オバマ+6
ABCニュース／ワシントン・ポスト	9/7 - 9/9	45	52	ロムニー+7	オバマ+1
デモクラシー・コープス（民主党系NPO）	9/8 - 9/12	43	52	ロムニー+9	オバマ+5
CBSニュース／ニューヨーク・タイムズ	9/8 - 9/12	44	51	ロムニー+7	オバマ+3
FOXニュース	9/9 - 9/11	45	48	ロムニー+3	オバマ+5
NBCニュース／ウォール・ストリート・ジャーナル	9/12 - 9/16	44	51	ロムニー+7	オバマ+5
モンマス大学／サーベイUSA／ブラウン大学	9/13 - 9/16	45	50	ロムニー+5	オバマ+3
リーゾン・ループ／PSRAI	9/13 - 9/17	45	52	ロムニー+7	オバマ+7
平均				ロムニー+7	オバマ+4

出典：UnskewedPolls.com、RealClearPolitics.com

の回答だ。チェンバーズはそこに注目して、共和党に不利なバイアスがかかっていると主張した。理論上は民主党ブームの反動が起こるはずだが、その要素が考慮されていないというわけだ。

そこで、回答者の支持政党からデータの「歪み」を補正しようと考え、世論調査の業界では正確性に難があるとされるラスムッセンの調査結果に注目した。ラスムッセンは自動音声によるオートコールシステムの電話調査で、支持政党の回答を集めていた。

共和党を支持する方は1番、
民主党を支持する方は2番、
ほかの政党を支持する方は3番、
無党派の方は4番、
まだ決めていない方は5番を押してください。

ここで問題のあるデータが紛れ込んだ。チェンバーズは、「共和党に投票するであろう人が十分にカウントされていない」世論調査の結果を、別の世論調査の結果を使って補正した。つまり、ラスムッセンの標本抽出の結果が、ほかの世論調査の回答者にも反映されると仮定したのだ。この補正を施したところ、すべての世論調査がロムニーの勝利を予言した。

実際の出口調査によると、投票者の推定38%が民主党支持者で、共和党支持を明言した人より6ポイント多かった。ここにチェンバーズの理論は崩壊した。ちなみに、選挙に関する世論調査では、誰が投票に行きそうかを推測する必要はない。質問に回答した人は、「投票するであろう人」だと自己申告したことになるからだ。

データを分析する際は、理論上の仮定が不可欠だ。あらゆる分析はデータと仮説から成る。データが充実しているほど、より多くの理論を裏づけるが、前述のとおり矛盾する理論の両方を裏づける場合もある。

ただし、データが豊富にあっても、問題のある理論や分析が「正しくなる」わけではない。世の中に新しい理論が尽きることはなく、ビッグデータの時代は格好の「証拠」を見つけやすい。正しい分析と間違った分析を見分けることがますます難しくなっている。

ビッグデータをもてはやす人々は、データが多いほど的確な分析が増えると思い込みがちだ。しかし、より多くの人がより多くの分析をより迅速に行えば、より多くの理論や視点が生まれ、複雑さや矛盾や混乱が増えて、明晰さや意見の一致や信頼度が薄れる。

アメリカウエスト航空のマーケティング部門は、五つの空港の数値を集計して、定時運航の割合がアラスカ航空を上回っていると主張できる。対するアラスカ航空は、空港別の数値の比較から、自分たちのほうが定時運航を守っていると反論できる。二つの矛盾する数字がある場合、計算を検証して矛盾点を解決せずに、安易な結論を出すことはできない。

定時運航のデータを考察するカギとなるのは、航空会社の名前以上に、到着空港の条件だ。とくにフェニックスの着陸は、シアトルの着陸に比べて遅延する可能性がはるかに小さい。その大きな理由は対照的な天候だ。アメリカウエスト航空はフェニックスを拠点とし、アラスカ航空はシアトルを拠点としている。したがって、アラスカ航空の遅延率の平均は着陸が難しい空港のデータに大きく偏り、アメリカウエスト航空はその反対となる。到着空港の条件という要素が、航空会社という要素に隠れていたのだ。これが、いわゆる「シンプソンのパラドクス」だ〔訳注：母集団内での相関関係と、母集団が二つ以上に分割された場合に成立する相関関係が、異なる場合があるというパラドクス〕

（図表P-5、図表P-6）。

航空便に関する分析は、四つのデータ対象——航空会社、到着空港、便数、遅延頻度——を基本的に用いるが、ほかにも多くの変数を組み込むことができる。

■図表P-5 航空便の遅延率に関するシンプソンのパラドクス

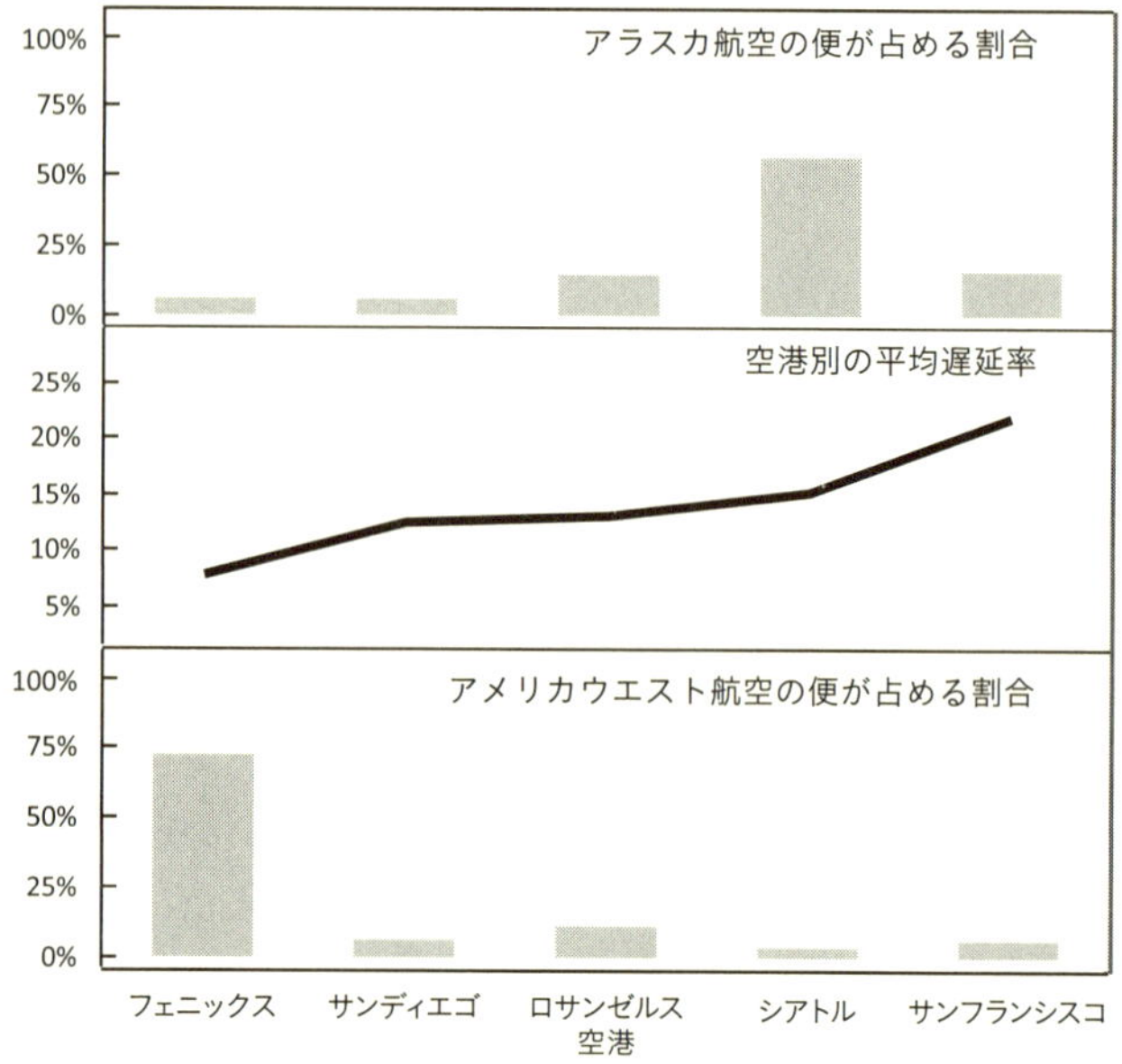

- **天候**
- **パイロットの国籍、年齢、性別**
- **機体の種類、メーカー、大きさ**
- **飛行時間**
- **出発空港**
- **搭乗率**

変数の種類が増えれば増えるほど、もっともらしい分析が幾何級数的に増え、誤差や矛盾が生じる可能性もそれだけ増える。データの量が多ければ、議論や検証、調整、反復可能性の計測などに要する時間は必然的に増え、それだけ疑問や混同が生じる。ビッグデータは、私たちを前進させるのではなく後退させかねないのだ。問題のあるデータをかき集めれば、問題のある理論が裏づけられ、正し

■図表P-6 航空機の遅延のデータ

アメリカウエスト航空

空港	定時運航(本)	遅延(本)	遅延率
サンフランシスコ	320	129	29%
シアトル	201	61	23%
ロサンゼルス	694	117	14%
サンディエゴ	383	65	15%
フェニックス	4840	415	8%
合計／平均	6438	787	11%

アラスカ航空

空港	定時運航(本)	遅延(本)	遅延率
サンフランシスコ	503	102	17%
シアトル	1841	305	14%
ロサンゼルス	497	62	11%
サンディエゴ	212	20	9%
フェニックス	221	12	5%
合計／平均	3274	501	13%

2社の総計

空港	定時運航(本)	遅延(本)	遅延率
サンフランシスコ	823	231	22%
シアトル	2042	366	15%
ロサンゼルス	1191	179	13%
サンディエゴ	595	85	13%
フェニックス	5061	427	8%
合計／平均	9712	1288	12%

出典：The Basic Practice of Statistics, 5e, David S. Moore, p.169

い理論がかき消されて――科学が暗黒の時代に逆戻りするかもしれない。
ビッグデータはすでに現実であり、今後も多大な影響を及ぼすだろう。少なくとも、私たちの誰もがデータ分析を消費している。だからこそ、より賢い消費者にならなければならない。そのためには統計のリテラシー、すなわち「ナンバーセンス」が必要なのだ。

問題のあるデータやアナリストを見たときに、何かが違うと感じる。それがナンバーセンスだ。ナンバーセンスは、真実に近づきたいという欲望と粘り強さでもある。自分の分析がどこから生まれ、どこに向かうのかを理解する。手がかりを集め、罠を見抜く。どこで引き返し、どこで突き進めばいいかを見きわめる知恵であり、立ち止まる分別だ。ナンバーセンスがある人は、曲がり角を間違える回数を最小限にしてゴールにたどり着く。ナンバーセンスがない人は迷路で途方に暮れ、永遠にゴールを見つけられないだろう。
私がデータ分析の専門家に求める第一の資質は、ナンバーセンスだ。ナンバーセンスがあるかないかで、単に優秀なアナリストか、それとも真の才能あるアナリストなのかが決まる。データ分析には、ほかにも技術的な能力とビジネス的な思考力という二つの資質が求められる。統計モデルのプログラミングの天才でも、ナンバーセンスが欠けているかもしれない。点を線で結んでストーリーを語る達人でも、ナンバーセンスはないかもしれない。ナンバーセンスを加えた三次元の才能が必要なのだ。

ナンバーセンスを従来の学校教育で教えるのは難しい。一般原則はあるが、詳しいマニュアルは存在しないのだ。公式では表せないし、教科書の事例を現実社会に当てはめることもできない。学校の授業は、現場のアナリストが時間を費やして分析する要素を切り離し、一般的な概念を抽出する。したがって、ナンバーセンスを育む最善の方法は、統計の現場に出て学ぶことだ。

この本が、そのきっかけになってほしいと願っている。最近注目されている統計の話題に疑問を投げかけ、整合性を確認し、データによる定量的な説明を試み、ときには関連するデータを入手して分析しながら、それぞれの主張を検証していく。共同購入クーポンサイトのグルーポンのビジネスモデルは合理的なのか。名門ロースクールは学校ランキングでちょっとしたズルをしたのか。ファンタジー・スポーツの成績はどのように評価すればいいか。企業が個人の行動を追跡してマーケティングをパーソナライズすると、私たちは何か恩恵を受けるのだろうか。

専門家もデータの罠にはまる。この本で私が罠にはまっているとしたら、すべて私個人の責任だ。そして、私の説明が十分でないとしても、データを分析する方法はひとつだけではない。あなたも自分なりの視点で捉えてほしい。そのような訓練を重ねて、ナンバーセンスが磨かれるのだから。

ビッグデータの時代へようこそ！

第1部

ソーシャルデータ

Part 1

Social Data

なぜロースクールの学長はジャンクメールを送り合うのか？

2008年9月、全米ランキング9位のミシガン大学ロースクール（法科大学院）は「ウルバリン奨学生プログラム」を発表した。これは学内の優秀な学部生を対象とする特別入試制度で、ミシガン大学アナーバー校でGPA（成績平均値）3・80以上（訳注：満点は4・00）の学生は3年生を修了した時点で、他大学の学生より早く出願できるというものだ。サラ・ジーアフォス入試事務局長はこの試みを、学部生への「ラブレター」と説明。アナーバー校の最も優秀な学部生が、よその有名ロースクールへ流出せずにミシガン大学で学びつづけてほしいと語った。

ただし、ウルバリン奨学生プログラムにはひとつ気になる点があり、ロースクール関係者のあいだから非難めいた議論が湧き出た。ミシガン大学を含む全米のロースクールの大半は、出願時にLSAT（法科大学院適性試験）のスコアを提出させるが、このプログラムの出願者は必要ないのだ。なぜごく一部の出願者だけ、LSATを免除するのか。入試事務局はこの疑問に対する答えを用意していた。

当ロースクールはミシガン大学の学部カリキュラムと教員を熟知しており、同大学から進学する学生の潜在的な学力を評価する際に参照できる過去のデータが大量にあるため、学部での履修内容を徹底的に検証できる。通常の出願者より詳しく審査できるくらいだ。したがって、出願資格を満たすごく少数の学生については、通常の出願条件であるLSATを省略する。

「数多くのデータを検証して（GPA3・80という）数字を導き出した。この条件を満たす学生は、LSATの点数に関係なく（ロースクール入学後の）成績が良い」と、ジーアフォス入試事務局長はウォール・ストリート・ジャーナル紙に語っている。一方で、GPAがずば抜けて高い優秀な学部生のなかには、LSATの輝かしい点数を無駄にしないために、ミシガン大学ロースクールに出願しない学生もいることは想定していた。

もっとも、ライバル校の教授をはじめとする関係者は、ミシガン大学の説明を鵜呑みにしなかった。彼らはこの新しい試みに、ロースクールの全米ランキング――USニューズ・ランキング――を引き上げようという恥知らずな思惑を嗅ぎ取っていた。たとえば、インディアナ大学ブルーミントン校で教壇に立つビル・ヘンダーソンは「法学専門家のブログ」で、「一流ロースクールがまたしても、実態より形式にこだわる最低の手本を見せた。私たち法学教育者が学生に貧相な前例を示している」と指摘した。多くの読者を持つブログ「法を超越して」の編集者は「狂気の沙汰」と題した投稿で、ミシガン大学に出願するならLSATは無意味だとうそぶくのは、何かのアンチテーゼのつもりかと批判。「ミシガン大学ロースクールはこの企みにより、とことん品位を落とした」

USニューズ&ワールド・リポート誌は毎年、各種の大学ランキングを発表して大きな収益をあげている。ビジネススクール志願者の財布を狙うランキング商売では、ビジネスウィーク誌、エコノミスト誌、ウォール・ストリート・ジャーナル紙、USニューズなど少なくとも6社がしのぎを削る。しかしロースクールのランキングは、USニューズのひとり勝ちだ。学生や卒業生、法曹界にも信奉されているため、各校ともランキングの手法に関する懸念はわきにおいて、上位に食い込む方法を模索している。

ロースクールのランキングを研究するインディアナ大学のジェフリー・スティク教授は、「『良い法律家になる学生かどうか』ではなく、『うちの学校のランキングを上げてくれる学生かどうか』を重視するようになった」と嘆く。大学は毎年、順位の些細な変動に思い悩む。ランキングがひとつ下がっただけで、大学関係者はどのように反応するのか。あるロースクールの学部長は、社会学者のマイケル・サウダーとウェンディ・エスペランドに次のように語っている。

私の学校が（上位50校から）脱落したときは、51位ではなく、二流校をひとくくりにしたアルファベット順の扱いだった。（地元紙の）見出しは「XXロースクールが二流校に転落」。学生はひどく動揺した。「どうしてうちが二流校なんだ？　いったい何が起きたんだろう？」

大学関係者はすぐに、USニューズのランキングではLSATとGPAがきわめて重視されることを見抜いた。だからウルバリン奨学生プログラムがGPAだけを出願の要件とすることに疑惑の目が向けられたのだ。米法曹協会が承認するロースクールのJ・D課程〔訳注：ジュリス・ドクター、法務博士課程。3年間で取得する法律専門職の学位〕は、「正当で信頼できる入学試験」を実施しなければならない。しかしミシガン大学は、適性試験を逆手に取って抜け道を思いついた。実際、ジョージタウン大学（USニューズ・ランキング14位）やミネソタ大学（同22位）、イリノイ大学（同27位）など、ほかにもいくつかのロースクールが、自校の学部生を対象に似たようなプログラムを設置している。ミネソタ大学とミシガン大学はLSATのスコアが出願に必要ないだけでなく、LSATを受験した学生に特別入試プログラムへの出願を認めていない。

ランキングの「精度」

早期出願制度のそもそもの目的は、優秀な学生を確保することなのか、それとも学校のランキングを上げることなのか。意図せぬ副産物はどちらだったのだろう。ミシガン大学の一石二鳥の作戦には感心せずにいられない。大学側は学生のためだけを考えたプログラムだと強調したが、ロースクール関係者はランキングに及ぼす暗黙の影響を見逃さなかった。彼らは与えられた一片の情報の先を見て、隠された思惑を見抜き、別の筋書きを探るためのデータを探した。まさにナンバーセンスを発揮したのだ。

ここで、あなたも一流ロースクールの入試事務局長になったつもりで学校改革に取り組もう。狙うはUSニューズ・ランキングだ。統計の技を駆使して、あらゆる手段を講じ、なりふり構わずにランキングを取りに行く。食うか食われるかの世界だ。わが校がやらなければ、ライバル校がやる。私たちがランキングの梯子を登れば、何もせずに突っ立っている学校は追い抜かれる。

USニューズはロースクールのランキングについて、詳細な手法を明らかにしていない。一般にランキングの作成は次のようなステップをたどる。

1 総合点を要素別に分ける。
2 調査結果や提出されたデータをもとに、各要素を採点する。
3 各要素の点数を尺度水準（たとえば、0~100）に換算する。
4 各要素の相対的な重要性を決める。
5 換算した点数の加重合計で、総得点を計算する。
6 総得点を適切な尺度で表す。たとえば、SAT（大学進学適性試験）を実施する非営利団体カレッジ・ボードは、各セクションの点数を200~800の偏差値で表す。

ランキングは本来、主観的なものだ。ステップ1、2、4には、計算式やルールをつくる人の考えが反映される。ビジネススクールの6種類のランキングに強い相関関係が見られないのは、それぞれが採用する要素や重視する要素がまったく同じではないからだ。ビジネスウィーク誌の評価の90%は好感度調査をもとにしており、最近の卒業生や企業の採用担当者の回答も重視する。一方でウォール・ストリート・ジャーナル紙は、企業の採用担当者の評価のみを考慮する。

図表1-1はUSニューズがロースクールを評価する際に考慮する要素だ。四つのグループに分

■図表1-1 USニューズのロースクール・ランキングの要素

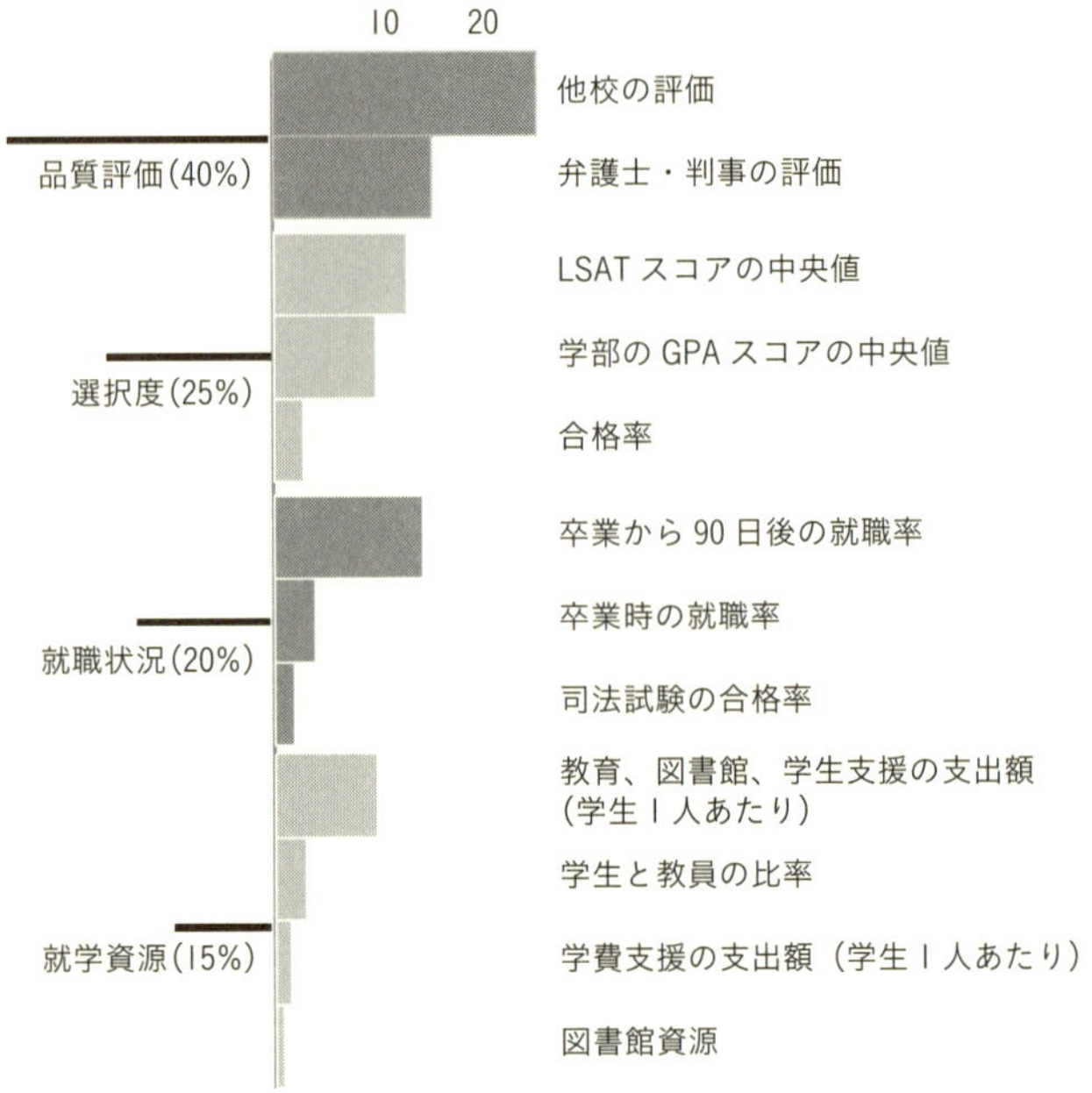

かれた12の要素の相対的な重要性は、公表されていない。二つの大きな要素（他校の評価、弁護士および判事の評価）は調査を行うが、残りの要素は学校が自己申告したデータを用いる。

1987年にUSニューズが初めてロースクールのランキングを発表した直後から、大学関係者は容赦なく欠点をあげつらい、恣意的な評価だと非難してきた。大学の評判は長い年月をかけて築きあげ、維持するもので、毎年ランキングを更新することは無意味に思える。驚くような出来事がなくても順位が頻繁に入れ替わる場合は、とくにそうだ。また、相対的な基準を使うと、ほかの学校が何かを変えただけで、何もしていない学校の順位が上下する場合がある。データを収集する調査方法も悩ましい。学校の経営者や法律事務所のパートナーが、全米200校のロースクールのすべてについて概観的な評価ができるとは思えない。実際、調査の回答率は15%に届かず、ほかならぬUSニューズのランキングで「一流」とされる法律事務所から回答者を抽出している時点で、何らかのバイアスがかかっていると考えられる。

確かにもっともな指摘ばかりだが、的外れな指摘でもある。ロースクールのランキングも、ほかのあらゆる主観的なランキングも、正確である必要はない。世間の信頼を勝ち取ればいいのだ。カレッジ・フットボールの最高峰である「ボウルゲーム」の出場校を決めるBCS（ボウル・チャンピオンシップ・シリーズ）ランキングは、複雑な計算方法でかなり評判が悪い。しかし、ランキング上位の強豪校がボウルゲームで実際に好試合を繰り広げれば、正当な評価だと納得されやすくなる。

ロースクールがライバル校と一騎打ちすることはなく、ランキングの評価手法の正当性を確かめるすべはない。しかし前述のとおり、ロースクールのランキングに精度は関係ない。USニューズ・ランキングに入った学校と選外の学校との違いは、ブランドもののミネラルウォーターと水道水の違いのようなものだ。最近は科学的根拠がほとんどない採点や格付けがあふれ、私たちも当たり前に受け入れている。ニールセンのテレビ視聴率や、ミシュランガイドのレストランの格付け、ワインのパーカーポイント、ソーシャルメディアにおける影響力を示すクラウトスコアについて、いちいち正当性を深く考えたりはしない。

USニューズ・ランキングが批判に屈して姿を消しても、また別の不完全なランキングが生まれるだけだ。それならロースクールも開き直って、ランキングを操作すればいい。最初に狙いを定めるのは、学校が自己申告するデータだ。学部生のGPAや卒業後の就職率など、学校が調査機関に申告するデータは「客観的」な数字でありながら、実は主観的な評価より操作しやすい。すべてのデータが学校の手の内にあるからだ。

2 欠損値の魔法

入学を許可された学生のGPAの中央値は、学校の質を表すだけでなく、USニューズ・ランキングの主な要素でもある。中央値とは、データを大きさ順に並べたときの真ん中の値だ。ミシガン大学ロースクールの2013年度の新入生はGPAの中央値が3・73（Aマイナスにほぼ相当）。つまり、新入生の半分が3・73〜4・00、残りの半分が3・73未満ということになる。

GPAの中央値を上げる手っ取り早い方法は捏造だ。ただし、捏造するのは簡単だが、ばれるのも簡単だ。そこで、大学側が目指す中央値に合わせて個人の点数を水増しすれば、発覚しにくいだろう。その場合、1人分だけでなく大量に調整しなければならない。

中央値は少数の異常な値の影響を受けにくく、頑健性のある統計量とされる。GPAの中央値が3・73のとき、3・75の学生の代わりに4・00の学生を入学させても中央値は変わらない。3・

■図表1-2 個人のデータを入れ替えてGPAの中央値を捏造する

(a) GPAの中央値を境に、学生の人数は上下半分に分かれる。全体の50％の学生（25パーセンタイル～75パーセンタイル）が、3.60～3.87の0.27ポイントの範囲に集中している

(b) GPA3.75の学生の代わりに4.00の学生を加えても、中央値は変わらない

(c) 3.45の学生の代わりに4.00の学生の加えても、この場合、やはり中央値は変わらない。ただし、入れ替えを繰り返すうちに差が生じるだろう

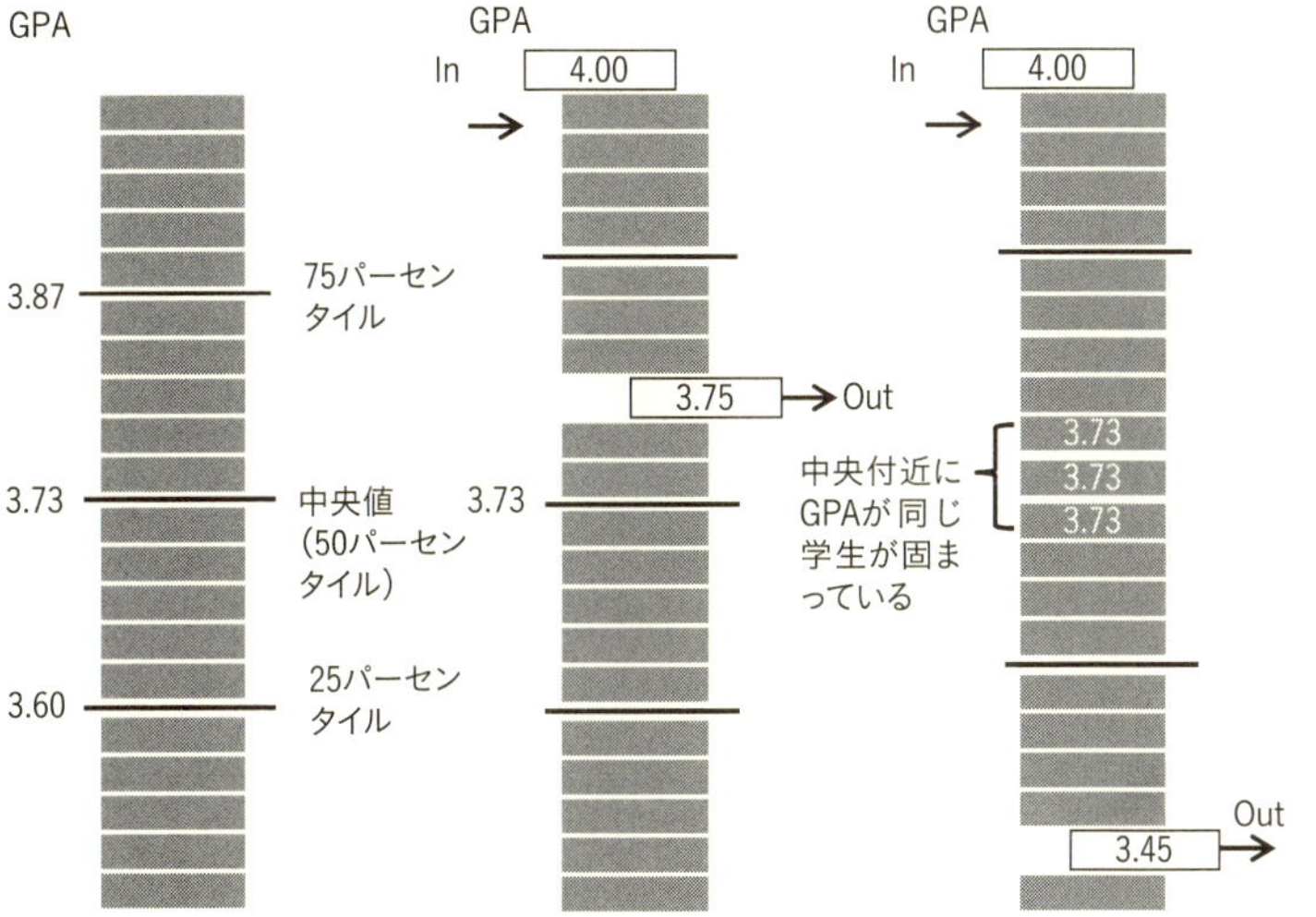

＊訳注：パーセンタイルは、データを小さい順に並べて全体の「何パーセント目」に位置するかを示す値

75の学生はすでに上半分のグループに入っており、この学生を4・00の学生と入れ替えても中央値の学生は変わらないからだ。3・45の学生と4・00の学生を入れ替えても、やはり中央値は変わらない。

中央値が頑健である仕組みは**図表1-2**のとおりだ。最下位のブロックを抜いて最上位に新しいブロックを挿入すると、中央値のブロックが1段ずれる。このとき隣のブロックの値との差だけ中央値が変わるが、ミシガン大学ロースクール

のようなエリート校のGPAの場合はわずかな差にすぎない。中央値をはさんで上下約180人の学生が、わずか0・28の範囲に集まっているからだ。優秀な学生から厳選した学生は、成績の差もごく小さい（ちなみに、BプラスとAマイナスの差は0・33ポイント）。

USニューズは、中央値を使えば安易に数字を操作されないだろうと考えたのかもしれないが、ロースクールの創造力はとどまるところを知らない。十分な数の学生を入れ替えれば、中央値も変わるはずだ。もちろん、個人の点数を直接いじれば足がつく。食べ散らかした跡は残さないほうがいい。たとえば、出願期間を通じてつねに最新の中央値を計算し、適切な成績分布になるように合格者を決めていけば、あとからデータを修正する必要もなくなる。

出願者をある程度想定できる仕組みがあれば、さらに効果的だ。優秀な学生を集めるために、成績に応じた奨学金を支給しても、非難されることはまずないだろう。進学する大学院を選ぶ際に、経済的な支援は最も重視する条件のひとつだ。そこで、わが校が目指すGPAの中央値をわずかに上回る出願者を、奨学金の対象とする。ライバル校に流れそうなトップクラスの学生は対象外。1人の学生に全額ではなく、2人に半額ずつ支給するという手もある。

USニューズを含む大半のランキングシステムの欠陥は、ある学校のGPA3・62と、別の学校の3・62を、同等の成績と見なすことだ。しかし言うまでもなく、すべての学校には独自の評価方針があり、教師は学生に異なる期待を抱き、授業の難易度も違えば学生の競争心にも差がある。この欠陥を利用しない手はない。

わがロースクールとしては、GPAがより高い学生を送り出す大学が望ましい。アメリカの大学では近年、ランキングや就職率を意識して評価が甘くなる「成績インフレ」が指摘されている。そこでプリンストン大学は、2004年からA評価の割合を抑える「成績デフレ」の方針を掲げている。一流大学らしい余裕だが、わが校は彼らのライバル校から、GPAがより高い学生を集めようではないか。同じように、A評価を惜しみなくつける学部も歓迎だ。つまり、学部課程で英文学や教育学を専攻した新入生が増え、工学や化学を専攻した新入生は減るだろう。より成績優秀な学生を迎えるのだから、批判はされないはずだ。学校や学部を「選り好み」しても、データの削除や捏造はしていないから、やましいところもない。

コンサート会場で係員の目を盗んで、飲み物を持ち込んだことはないだろうか。同じようにデータアナリストの目から、成績が低い生徒を隠すのだ。毎年、多くの出願者が、GPA以外のさまざまな長所で私たちを感心させる。有望な学生たちだが、合格させるとわが校のGPAの中央値に響き、USニューズ・ランキングを落としかねない。そこで彼らを門前払いするのではなく、秋の正式な入学前に、サマースクールに行かせる。サマースクールで履修した単位は秋の新学期の単位として認定されるが、わが校の新学期で履修する単位数は少なくなるので1年次は「パートタイム学生」としてカウントされ、USニューズのランキングの対象にならない。あるいは、サマースクールの代わりに（サマースクールと併用する場合もある）下位のロースクールで基礎を学ぶようすすめ、2年次からわが校に編入させる。彼らもランキングの対象にならない。

■図表1-3 消えたカードのトリック

「不利な条件」の出願者のGPAを欠損値とすると、平均値による補完が行われる。

(a) GPAの中央値は3.76。下位10%の中央値は3.20

(b) 下位10%の集団を欠損値とする。欠損値を無視すれば、全体の中央値は3.76になる

(c) 欠損値を残りの平均値(3.76)で置き換えると、全体の中央値は3.76になる

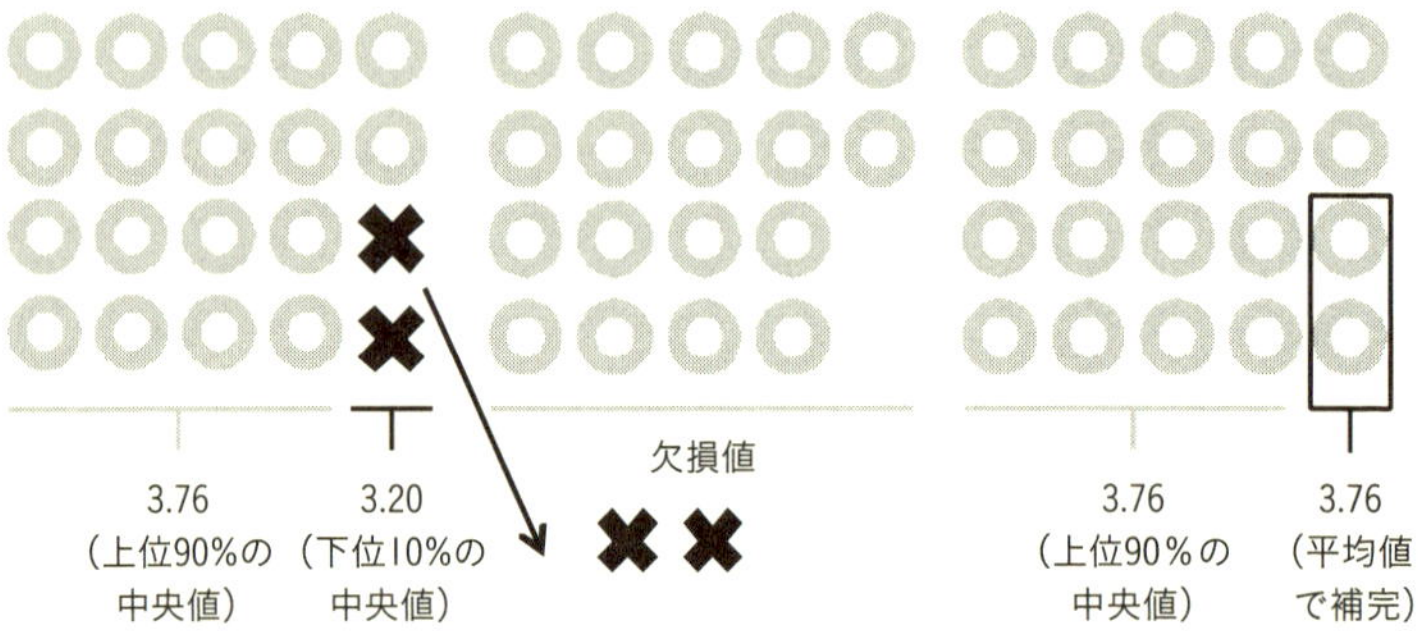

これは「欠損値」に目をつけた戦略だ。欠損値はデータアナリストの死角になりやすい。些細なデータとして見逃すか、あるいは無意識のうちに、私たちに有利なように処理してくれるかもしれない。GPAの低い点数を「NA（データなし）」とするのは、中央値を上げる裏技のひとつだ。

統計処理の際に、欠損値を埋める場合もある。たとえば、利用できる値の平均値に置き換える手法を「平均値による補完」と呼ぶ。平均以下のGPAを欠損値としてランキングシステムに提出したあとに、アナリストがすべての空白を平均値に置き換えたら、私たちにとって思わぬ援護射撃になる（からくりは**図表1-3**を参照）。学期中に鬱病を患った、短期留学先の大学が評価をつけなかった、履修単位数が多すぎたなど例外的な状況の学生

■図表1-4 合格者のダウンサイジング

出願者の集団は同じまま合格者の人数を減らすと、GPAの中央値は自動的に上がる。精鋭主義という評判が広まれば、GPAがより高い優秀な出願者が集まるかもしれない。

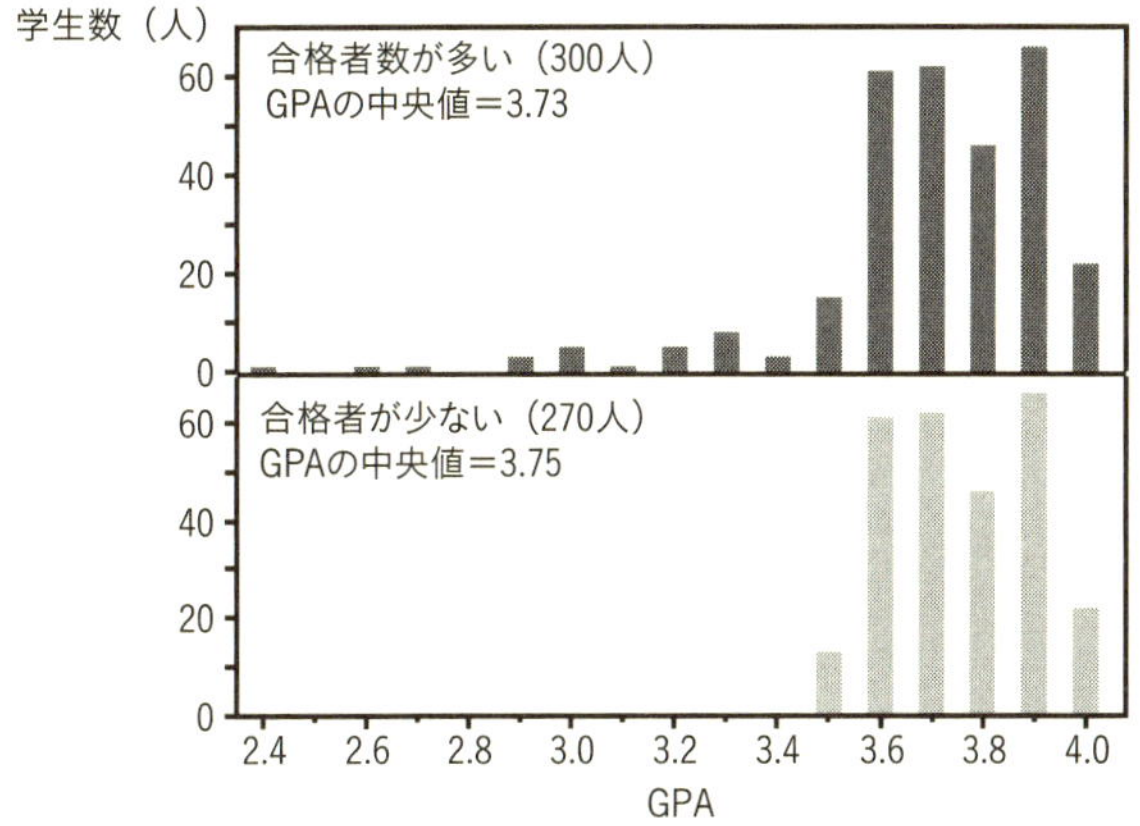

がいたら、「すべての出願者に公平な機会を与える」という口実で、問題のあるＧＰＡをデータから取り除くだけでいい。エリート大学の学生にとっても、人生は不公平なものだ。もし平均的なレベルの大学に通っていたら、はるかに高いＧＰＡを獲得できていたかもしれないのだから。そこでわが校は彼らの成績を合理的に調整するか、統計上無効にする。ついでに問題のあるデータを厄介払いできるというわけだ。

これほどうまくいくなら、データアナリストに頼らずに自分で欠損値を埋めればいい。私たちは入試の専門家なのだから、統計学者より的確な推測で空白を埋められるはずだ。たとえば、国外からの出願者にはずば抜けて優秀な人も多いが、彼らの大学はアメリカ式のＧＰＡによる評価を採用していない。そこで彼らの成績を「未確認」とするのではなく、私たちの経験を最大限に生かしてGPA4・00に相当すると見なす。

もっと大胆な方法もある。新入生の数を絞り込むのだ。合格者を減らせば、合格者の平均的なGPAは高くなる(**図表1-4**)。さらに、合格者を減らすと「選ばれた人々」という排他性が高まり、より優秀な学生が集まるだろう。合格者を減らす理由は、景気が低迷して弁護士も仕事にあぶれているから、とでも言っておこう。大学の財務部門は、学費など予定していた収入が減ると抵抗するかもしれない。だが、逸失利益は必ず取り戻せる。前述のように2年次の編入プログラムやパートタイム制度を拡充すれば、それ以上の利益をあげられるかもしれない。

3　中央値のマジック

2011年6月、ウルバリン奨学生プログラムの導入から2年が経ち、ミシガン大学ロースクールのサラ・ジーアフォス入試事務局長は満足していた。彼女は学内のキャリアセンターのブログで、学生に向けて次のように語った。

全体として、ウルバリン奨学生の「実験」にとても満足しています。5年の試行期間が終わったあかつきには、本校の入試制度のひとつとして正式に導入できると信じています。

GPAがずば抜けて高いミシガン大学の学部生は、特別枠の出願者としてLSATのスコアを提出しないように指導される。このLSATの免除も批判の的になっている。いわば欠損値の裏技で、USニューズ・ランキングの要件であるLSATの中央値を押し上げることになるからだ。

GPAの中央値を操作する戦術の大半は、LSATにも当てはまる。中央値より低いデータを中央値より高いデータと入れ替える手法も、特定の条件の学生に奨学金をちらつかせる作戦も役に立つ。成績の低い学生をパートタイム学生扱いにしたり、1年次は他校に「貸し出して」2年次から編入させたりする抜け道も有効だ。失読症などの障害が認定されている出願者は「特別措置」の対象者として、ランキングのデータから除外できる。また、1年次の落第を増やすと、成績の低い学生が減ってLSATとGPAの中央値が上がり、評価基準を厳しくした成果だと胸を張れる。

GPAは優秀だがLSATが思わしくない学生には、LSATの再受験を促す。LSAC（ロースクール入試協議会）は世界各国で年間延べ15万回、LSATを実施している。標準テストを受けたことがある人ならわかるとおり、試験の出来は出題や受験会場、当日の精神状態、ほかの受験者の相対的な実力などによって左右される。LSATの成績は厳密な点数ではなく、「スコアバンド」と呼ばれる幅を持たせた尺度で表す（0～9の10段階など。LSATは120～180）。複数回受験した場合、結果は基本的に「スコアバンド」約6ポイントの範囲に収まる。同じ尺度に属する点数は、統計上は等しい値と見なされる。

■図表1-5 標準テストの「無制限リトライ」

LSATを複数回受験した場合、最高スコアが自分の平均スコアや中央値を下回ることはない。最高スコアに注目すると、スコアの分布が全体に高い方向（グラフの右方向）にずれる（グラフは1人が3回受験したと仮定）。

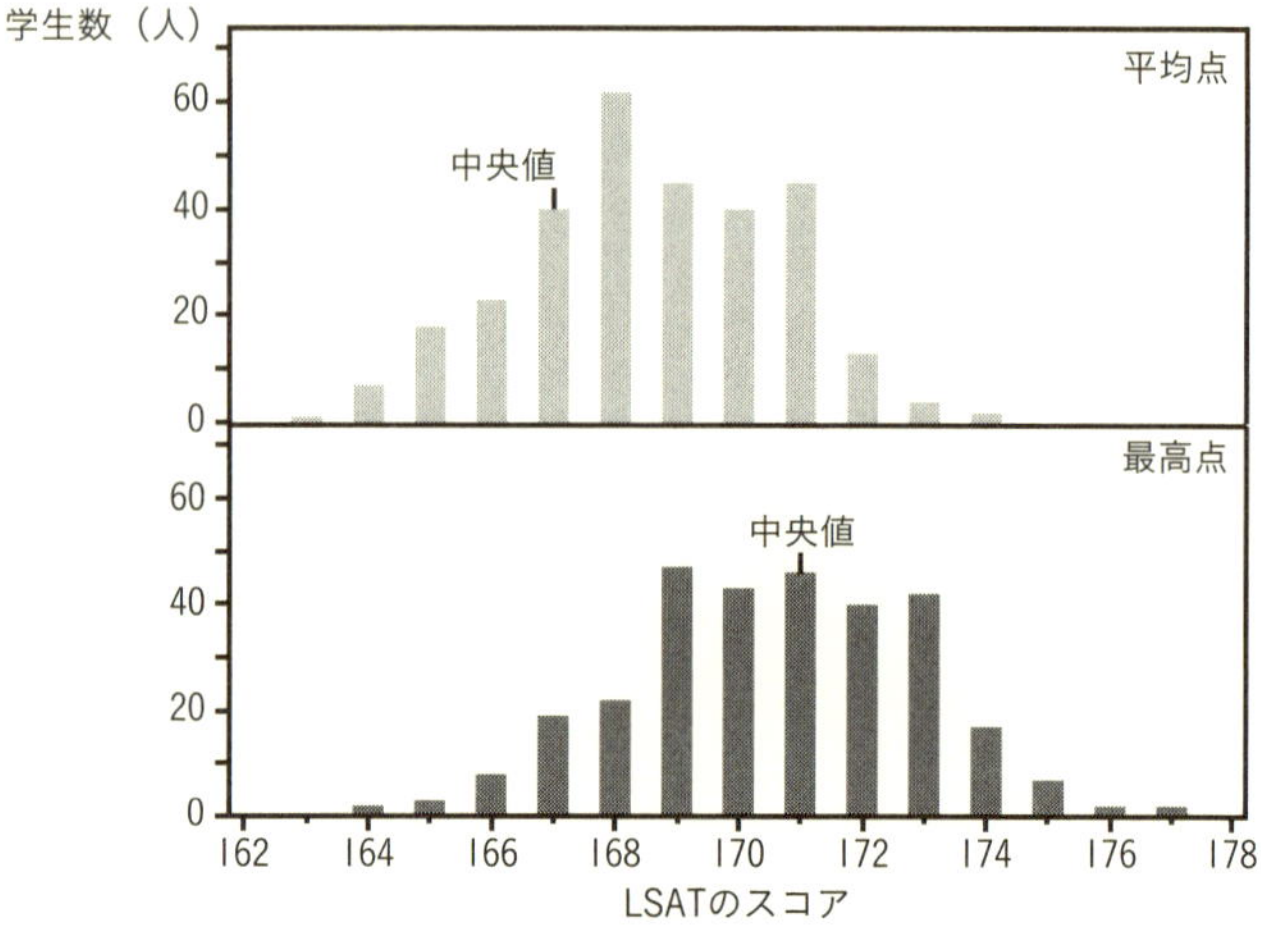

出願者の実力の目安として本来ふさわしいのは、複数回の点数の平均だ。しかしアメリカのロースクールの大半は、出願時に最高点を提出させる。どのような統計でも最高値は「異常値」である可能性が高く、繰り返し受けたテストの最高点は、ほぼ間違いなく実力を誇張している（**図表1-5**）。もちろん学生の側も、この「無制限リトライ」方式を歓迎している。再受験で点数が上がれば願書に箔がつく。点数が下がれば、なかったことにすればいい。なんとしてもLSATの中央値を引き上げたい私たち入試事務局にとって、LSATを繰り返し受験できることは天の恵みだ。出願者の集団は変わらないまま、より高い成績を評価して中央

値を引き上げることができる。

　できるならLSATを5回以上、受験することを義務づけたいくらいだ。それはさすがに極端だろうから、最初は2回から始めよう。統計学者以外は喜ぶはずだ。

　合格率を極力抑えることも、LSATの中央値アップにつながる。比率は、操作しやすい格好の材料だ。合格率を抑えるためには、合格者の数を減らすか出願者の数を増やす。定員を減らしたり、成績が低い学生をパートタイム学生や編入生として扱えば、やはり合格率が圧縮される。具体的にどの程度数字を動かすかは、学年の定員によって決まる。定員300人で、合格者の50%が実際に入学すると仮定した場合、出願者が3000人なら合格者は600人で合格率は20%となる。定員を10%削減して270人にすると、合格率は18%に下がる。問題は、学費などの収入を大幅に減らしてまで、合格率を2%下げる価値があるかどうかだ。

　うれしいことに、定員を減らさずに出願者を334人増やしても、合格率は2%下がる。分子ではなく分母を調整するのだ。マーケティングの専門家にしてみれば子供だましの策だろう。出願者を増やすために考えられる方法は、まず受験料の引き下げ。さらに、合格率がとくに低いグループを見つけて積極的に出願を促す。たとえば、卒業間近の大学4年生はうってつけだ。一般にロースクールやビジネススクールなどの専門職大学院は、実務を経験してからの受験をすすめる。しかしわが校は、現役の学部生を積極的に誘って出願させるのだ（ただし、彼らのなかで最も優秀なひと握りしか合格させない）。マイノリティのグループに出願を働きかけるという絶妙な作戦もある。善意の

■図表1-6 ロースクールの輪

定員数を変えずに出願者が増えれば、合格率は下がる。「共通願書」はすべての大学に恩恵をもたらす。

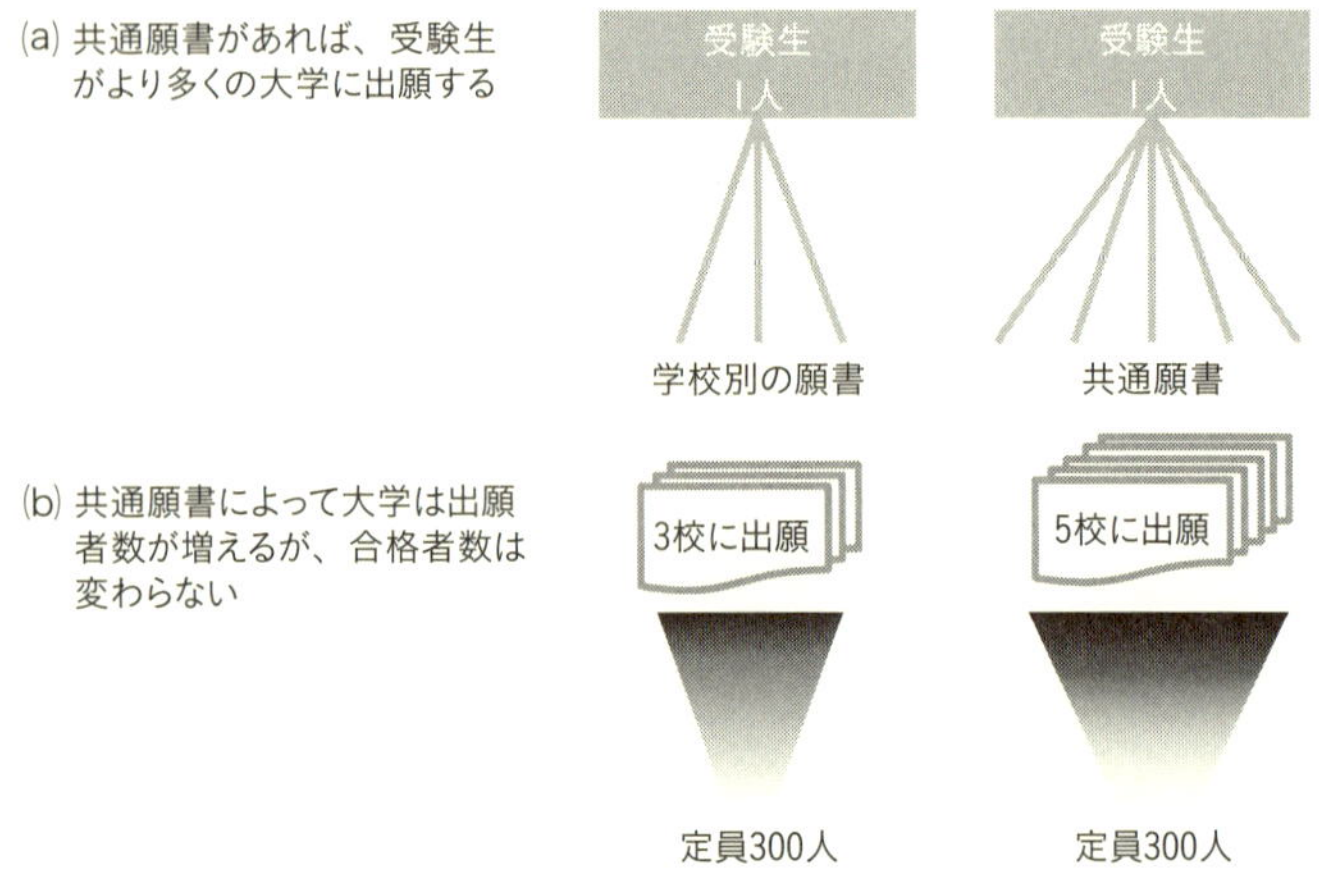

(a) 共通願書があれば、受験生がより多くの大学に出願する

(b) 共通願書によって大学は出願者数が増えるが、合格者数は変わらない

行動と称えられる裏で、出願者を増やすことによって合格者の水準を底上げできる。

最も簡潔な方法が、最も効果的な場合もある。全米で500近い大学が採用している「共通願書（コモンアプリケーション）」だ。願書を1通作成して登録すると、オンラインで複数の大学に出願でき、学生にはとても便利なシステムだ。ウェブサイトでユーザー登録をする際に、フェイスブックやグーグルのアカウントでログインできる利便性と発想は同じだ。サイトの新規登録率が大幅に上昇するのと同様に、1人の学生が出願する大学の数が増え、各大学の出願者数が飛躍的に増える。しかし大学が定員や合格者数を増やさなければ、結果的に合格率が下がる（**図表1-6**）。熾烈な学生争奪戦を繰り広げる大学のあいだに共生関係が生まれ、すべての学校が得をす

■図表1-7 仮の出願者

願書に不備がある出願者が実際に合格する確率は0%だから、出願者の人数に含めるだけで合格率が下がる。

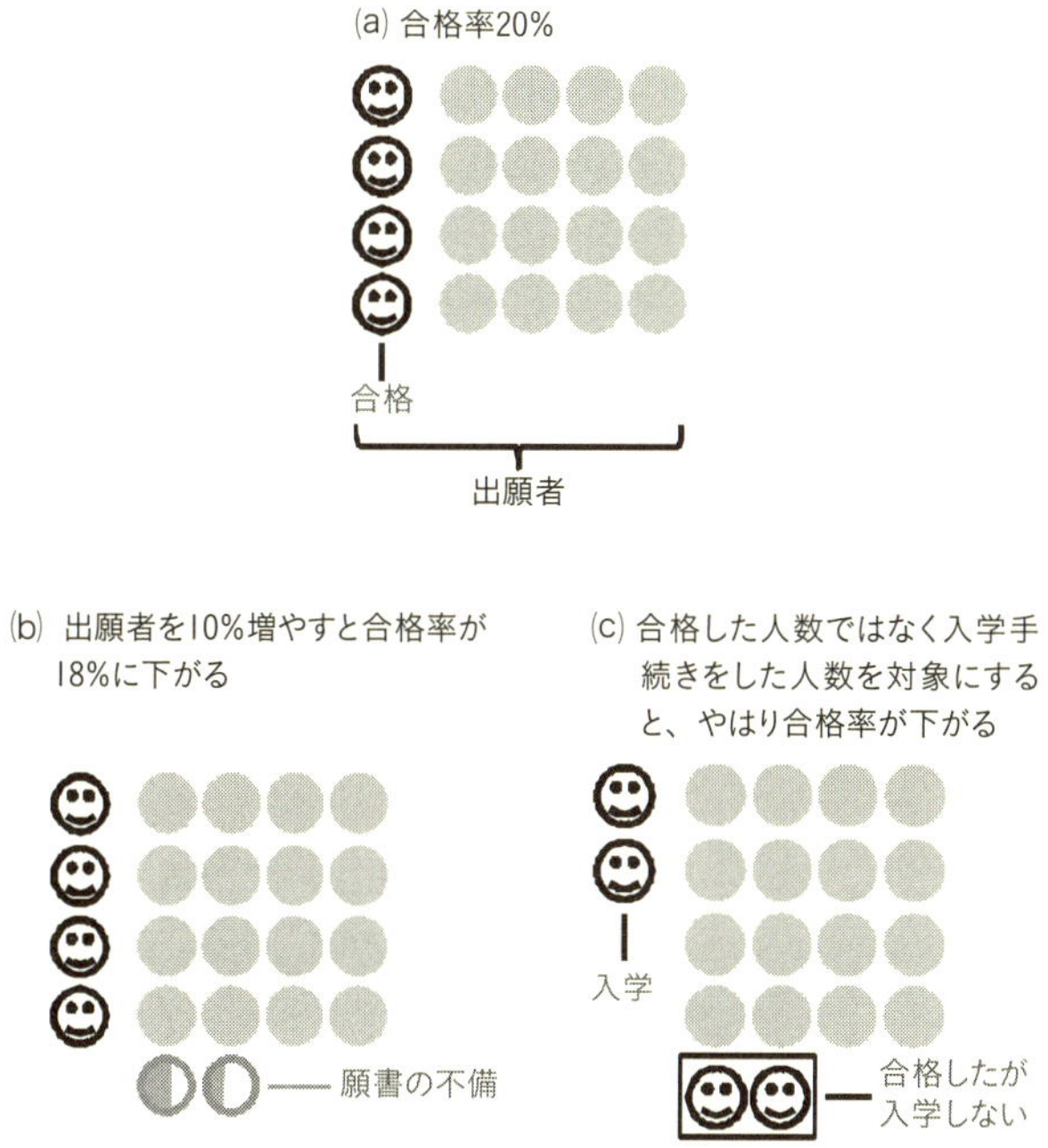

る。

　ここまで来たら、出願者を「買う」のも悪くない。文字どおりカネを払って出願してもらうのだ。実際に名だたる大企業が、この戦術を常用している。たとえば、フェイスブックは今や企業のブランド戦略に欠かせないツールだ。「いいね！」ボタンが登場すると、マーケティング部門は販促の成功の目安にちょうどいいと飛びついた。経営陣から成果を問われたら、「今週はフェイスブックのプロモーションで1万2224件の『いいね!』が集まりました」と答える。つまり、「フェイスブックのユーザーに、『いいね!』をクリックしたら無料特典を差し上げますと宣伝したら、1万2224人が食いつきました」という意味だ。そこその予算をかければ、大学の出願者を334人増やすのも簡単そうだ。

予算が厳しい大学は知恵を絞ろう。たとえば、出願者を「すべて」カウントする。願書の不備で出願が却下された人や、自ら出願を取り下げた人も、すべて含めるのだ**(図表1-7)**。一方で、人数をカウントする前にひとりずつ再確認をする。受験を辞退した学生は、「自発的に願書を取り下げた出願者」となる。合格者の数は、入学を許可した人数ではなく入学手続きをした人数だ。面接は必ず行い、第一希望の学校を探ること。最初から入学するつもりのないトップレベルの出願者のために、合格者の枠を無駄にすることはない。

4 就職統計のゲーム

USニューズ・ランキングではGPAとLSATのほかに、経済的資源も「インプット」のひとつとして評価する。さらに「アウトプット」も評価され、その主な目安となるのが就職事情だ。1人の学生が20万ドルを費やして(借金の場合もある)法律の学位を取得するとき、それに見合う価値を得るためには、卒業後に高収入の仕事に就かなければならない。

就職率は、合格率と同じ仕組みで考えることができる。要するに、どちらも比率の計算だ。雇用の数をできるだけ多くカウントし、就職希望者をできるだけ少なくカウントすればいい。驚くことに、就職率の計算では、数字を大量に抹殺することも許される。学生は最終学期中と卒業から9カ月以内に行われる2回の調査で、就職状況を自己申告する。ロースクールはそのデータをUSニューズや調査機関に提出する。卒業生の就職状況のリポートを発行している全米法律職斡旋協会（NALP）はロースクールに対し、データの空白を埋めてから提出するように指導している。この統計ゲームは最初から私たちに有利な展開のようだ。

欠損値は私たちの大切な友人だ。ただし、就職統計で平均値による補完を使うと、調査に回答しなかった卒業生は全員が同じ回答をしたことになる。これは明らかにおかしな話だ。大手法律事務所に落ち着いた卒業生は、就職状況の調査にすすんで回答するだろう。まだ就職していない卒業生は、あまり回答したがらないだろう。自分が卒業したロースクールのUSニューズ・ランキングは卒業後も長いあいだ自慢できるため、調査に回答する際は誰もが慎重になる。

多くの統計学者にとって、平均値による補完は、空白を埋めるために他人の回答を推測する必要がない安全策だ。しかもデータをでっちあげていないから、数字に語らせているような気がしてくる。ただし、「調査に回答しなかった人は全員が同じ回答をしたと見なす」という前提が間違っていれば、数字のつぶやきも間違っていることになる。その場合は合理的な推測でデータを補完する手法（6章の雇用データの項を参照）がふさわしいだろう。たとえば、調査に回答した人は回答しない人に比べて、定職に就いている可能性が2倍高いと推測できる。

とはいえ、私たちロースクールのよこしまな入試事務局は、平均値による補完で就職統計をつり上げることにしよう。

調査に回答しない無職の卒業生を統計の対象外として扱っても、就職率はやはり卒業生の回答と関連する。その関連性をさらに薄めるために、もうひとつ大胆な仮定を立てよう。すなわち、ある卒業生が就職していないという証拠が見つからないかぎり、就職していると見なすのだ。過去の卒業生が就職市場で成功していることを考えれば、それほど無謀な推測でもないだろう。まだ調査に回答していない人には、データを積極的に収集するために学生アルバイトを雇って電話をかけさせる。ただし、就職状況を確認するためではない。無職としてカウントしてほしい場合は折り返し電話をくださいと、留守番電話にメッセージを吹き込むのだ。

卒業から9カ月以内に行う2回目の調査は、1回目の調査で回答しなかった人にのみ質問する。資源を無駄遣いせず、コストを削減する環境にやさしい方法であり、雇用数は卒業直後の回答から確実に増える。1回目と2回目の調査のあいだに職を失った人がいても、私たちには知りようがない。アメリカ政府の手法を見習って、世界を旅しているなどの理由で積極的に職探しをしていない卒業生は、やはり統計から除外する（6章を参照）。

さらに、誰をカウントするかではなく、何をカウントするかにも注目する。どんな仕事も仕事であることに変わりはない。誰もが大手法律事務所のパートナー（共同経営者）になれるわけではない。

パートタイムもフルタイムも、臨時雇いも正社員も、大手小売店も家族経営の店も、弁護士資格が必要な仕事も必要ない仕事も、すべて「仕事」としてカウントするのだ。スターバックスでフラペチーノをつくる、アメリカンアパレルの店舗でTシャツを売る、コメディアンとして地元のクラブのステージに立つ。どれもれっきとした仕事だ。ロースクールならではの人脈で、裁判所の短期見習いの仕事を紹介してもいい（費用はわが校が負担する）。それでも足りなければ、ロースクールで雇おう。研究室や図書館、食堂で臨時アルバイトをしてはどうか。返済しきれない借金に苦しむ学生のために学校が自ら雇用を創出することは、道徳的に正しい行為だ。彼らが1回目の就職状況調査に回答する前に、卒業と同時に一時的な仕事を提供する。そして半年後、2回目の調査の前に十分な時間の余裕をもって、その仕事を次の学生に回すのだ。

5　サバイバルゲームと密約

USニューズ・ランキングで最も重視される要素が、まだ二つ残っている。まず、外部の評判は評価基準の40％を占める。他のロースクールからの評価はとくに影響力がある。USニューズは毎年、ロースクールの関係者に他校を1（取るに足りない）～5（ずば抜けている）の5段階で評価させる。回答者は各校4人。入試事務局長、学部長、教員採用の責任者、そしていちばん最近、終身在職権を得た教授だ。評価する学校の数は任意だが、対象の200校すべてを評価する人はいないだろう（回答者が評価する学校数の平均は公表されない。十数校かもしれないし、100校に届くかもしれない）。各校の点数は、その学校についたすべての評価の平均となる。この主観的な基準は、学校が自己申告する「客観的な」データに比べるとはるかに操作しにくい。

他校の評価の回答率は10件あたり約7件。弁護士や判事など専門職による評価の回答率はわずか12%なので、かなり反応が良い。ロースクールの学部長の大半はUSニューズ・ランキングをおそらく嫌悪しているのに、他校を積極的に評価するということは、彼らの大多数がランキングという名のゲームに参加しているのだろう。わが校も4人の回答者に、必ず提出するように念を押している。

もちろん、最大のライバル校には最低の評価をつけなければならない。これは傲慢でも権謀術数でもなく、ロースクールとしての生存本能だ。並外れた名声と熟練の教授陣、傑出した同窓生を擁するハーバード大学やエール大学のロースクールでさえ、1998〜2008年の他校からの評価の平均は、5点満点で4・84だった。回答者の少なくとも16%が、この2校を全米トップ40校の「圏外」と評価したことになる（すべての回答者がハーバードとエールを上位80校に入れたと仮定して計算した）。在学生のためにも卒業生のためにも、学校としては他校の学部長と正々堂々と戦わなければならない。

一方で、私たちは中堅のロースクールと密約を交わしている。お互いに相手校には満点をつけ、それぞれのライバル校の星をいくつか減らす。あと少しで上位校の仲間入りができそうな学校はとくに、交渉相手にうってつけだ。

他人が回答する調査結果を修正することはできそうにないが、実は可能なのだ。わが校もブランドマーケティングの権威に協力を依頼した。この専門家によると、USニューズがランキングのために行う調査は教育の質を問うものではなく、いわゆる「ブランド認知度の助成想起」の手法だ。典型的な助成想起は、消費者にブランド名のリストを見せ、知っているブランドを挙げてもらう。名前が挙がる回数が多いほど、そのブランドの認知度は高いと言える。ちなみに企業としては、選択肢やヒントを示さなくてもブランド名を思い浮かべることができる「非助成想起」のほうが望ましい。USニューズの調査の回答者は、評価の対象となる200校のリストのうちほんの一握りしか、詳しい情報を知らないはずだ。しかし、好意的でわかりやすいブランドイメージがあれば、馴染みの薄い学校も高い評価を得やすくなる。

ブランディングの専門家によれば、わが校の宣伝活動として、大学関係者は800人程度、弁護士と判事は1000人程度に働きかければ十分だという。実際には、さらに少ない人数でもそれなりの影響力はあるだろう。USニューズの評価の調査に回答するのは毎年約200人だ。1人が50校に評価をつけると仮定すると、各校の評価は平均50人の意見を反映している。したがって、50人より少し多い人数に、私たちに好意的な評価をしてもらえるように働きかければ効果があるだろう。彼らに私たちのライバル校の評価を下げるように働きかけるのも意味がある。彼らの連絡先は大半が公開されているので、郵便やメール、電話での勧誘など、ダイレクトマーケティングの手法がかなり有効だ。

予算が無制限なら、学部長以外の学校関係者や、あらゆる分野の法曹関係者にも、わがロースクールを売り込む資料を大量に配ろう。彼らの多くは私たちがターゲットとする関係者と同じ社会的ネットワークに属するので、いわゆる波及効果を期待できる。

このように、主観的な基準もランキングをめぐる戦略的な駆け引きを逃れることはできない（2章でもう少し詳しく説明する）。USニューズのランキングが参照するすべての要素は、何らかのかたちで操作できる。ランキングをつくること自体に抵抗しても意味はない。格付けは人間的な欲求を満たすからだ。あるランキングが廃止に追い込まれても、同じような欠陥を持つ別のランキングが取って代わる。そして、ビッグデータはランキングの危険性をさらに高める。ランキングの計算式が複雑になるほど、数字を着飾るチャンスが増える。データセットが大きくなるほど、監督は難しくなる。だからこそ、ナンバーセンスが必要なのだ。公表されているデータを額面どおりに受け取らず、適切な質問をぶつけ、細工された統計を嗅ぎ分ける。それがナンバーセンスだ。

とはいえ、疑問に思う人もいるだろう。ナンバーセンスがなくても、データを消費する私たちに良識と誠実さがあればいいのではないか、と。

6 連座制

２０１１年11月、ミシガン大学ロースクールのジーアフォス入試事務局長と火花を散らしていた人気ブログ「法を超越して」が、最後の一撃を見舞った。ウルバリン奨学生プログラムが7月にひっそりと廃止されていたことを、嗅ぎつけたのだ。5年の試行期間はまだ半ばで、ジーアフォスが特別出願制度をほめそやしてから1カ月も経っていなかった。

ブログ「法を超越して」は、イリノイ大学の学生新聞デイリー・イリニのインタビュー記事でジーアフォスの方針転換を知った。彼女は「(ウルバリン奨学生)プログラムは学校が当初期待していた結果を出せなかったので、打ち切ることにしました」と述べていたが、本当の理由は説明しなかった。

デイリー・イリニの記事の主役は、イリノイ大学カレッジ・オブ・ロー(USニューズ・ランキング21位)のポール・プレス入試事務局長だった。プレスは2008年に、ウルバリン奨学生プログラムと似た、イリノイ大学の学部生を対象とする特別出願プログラム「iLEAP」を立ち上げていた。「型破りの改革者」と形容されたプレスは次のように自画自賛した。

(ランキングにとって重要な)GPAが高く、LSATが中央値に悪影響を及ぼさない学生を20人ほど(iLEAPの早期出願枠として)確保しておく。天才的な発想だ。しかも、私はミシガン大学より前に思いついていた。向こうが先に発表しただけだ。私としては目立ちたくなかったから。

デイリー・イリニの記者は「賢いやり方ですね」と褒め、「システムをうまく利用していますね。

素晴らしいです」とも言った。気を良くしたプレスはさらに詳しく説明した。「出願者には入学後に正式な成績証明書を提出させ、（調査機関には学部の最終学期までの成績を含まない）出願時のＧＰＡを報告する」。ロースクール入学を「先行予約」していた優秀な4年生が心変わりをするかもしれないことは、プレスも承知していた。ミシガン大学と同じように、ｉＬＥＡＰは出願者のＧＰＡ平均の目標値を設定している。デイリー・イリニによると、ｉＬＥＡＰの学生のＧＰＡ平均は３・８０を上回っていた。

ただし、ミシガン大学をプレスの同類と見なすのは気の毒だろう。２０１１年11月にイリノイ大学カレッジ・オブ・ローは、少なくとも過去6年にわたって大規模な虚偽申告をしていたと認めた。プレスの指示のもと、ＵＳニューズなどの調査機関に改ざんしたデータを提出していたのだ。２０１１年は3分の1近い出願者のＧＰＡを改ざんし、平均を３・７０から３・８１に水増しした。ＧＰＡのスコアがない外国人の出願者8人とｉＬＥＡＰの枠で出願した13人には、勝手に４・００をつけた。さらに、２００９年の合格率は前年と同じ29％としていたが、実際は出願者の37％に合格通知を出した。そのうえで「保証金を納める前に辞退した」学生を合格者から除外し、合格者数を不適切に少なくした。一方で、編入枠と上級学位の出願者を、通常のＪ・Ｄ課程の出願者として数えて水増ししていた。

一方で、ＬＳＡＴの中央値は２００６年の１６３から２０１１年には１６８に上昇し、プレスはその意味を十分に理解していた。２００６年のイリノイ大学カレッジ・オブ・ロー戦略計画について、彼は次のように語っている。

昨年だけでLSATの中央値を3ポイント(163から166)引き上げた。私たちの知るかぎり法律教育史上、前例のない飛躍だ……USニューズのロースクール・ランキングは学生の質を重視するから、1年前に(ほかの要件はすべて維持したまま)この成果を達成していれば、わが校のランキングは27位から20位に上がっただろう。

2年後の2008年の年次報告書で、イリノイ大学カレッジ・オブ・ローは166で足踏みしていたLSATの中央値を引き上げる戦略を挙げている。同校は奨学金制度の総額を、4年間で4倍と大幅に増やしていた。主な支給方法は授業料の減免で、2010年は1件あたり平均1万2500ドルだった。「(LSATの中央値を)166から167に引き上げるために、新規の奨学金として100万ドル以上を投じた計算になる」と、年次報告書は指摘した。同校は「授業料の大幅な値上げ」も検討していた。「増収分の大半を奨学金として還元すれば、学生の負担を減らせると同時に、USニューズの(ランキングの要件である)就学資源の額が増える」。2011年にはすべての学生が、1人あたり最低2500ドルの経済的支援を受けた。この年、プレスは奇跡を起こした。LSATの中央値が168に達したのだ。のちに判明したとおり、実際は163だったが、60%にあたる学生の点数を改ざんして5ポイント上乗せしていた。中央値を乗りこなすのは並大抵のことではない。

プレスたちの行為を、詐欺として片づけるのは早計だろう。一連のスキャンダルが明らかになった後にイリノイ大学がまとめた調査報告書によると、彼らは2006〜11年の5年間で、LSATの中央値を168、GPAの中央値を3・70にそれぞれ引き上げるという大胆な目標を掲げていた。プレスはさらに、LSATとGPAの組み合わせによってランキングがどのように変わるかを試算させた。2009年前半には学部長にメールで次のように報告している。「ローレスの計算によると、166／3・7（LSAT／GPA）より165／3・8のほうが、ランキングは四つ上昇します」（イリノイ大学のロバート・ローレス教授はUSニューズのランキングを予測する手法を考案した。よりによって無法《ローレス》とは、残念すぎる名前だ）。学部長はその年の評議会で次のように述べている。「私はポール（・プレス）に、限界に挑み、既成の概念にとらわれず、リスクをいとわず、これまでとは違うやり方をしろとはっぱをかけた」。プレスは数年にわたって結果を残し、大いに称賛を浴びた。

2011年2月、ビラノバ大学スクール・オブ・ロー（USニューズ・ランキング67位）が、ランキングに使われているデータの一部が「正しくない」と認めた。同校の学部長は卒業生に宛てた文書で、GPAとLSATを5年間水増ししていたことと、「正しくない」入学者数を3年間報告していたことを明らかにした。同校は「迅速かつ包括的に……模範的な調査」を実施し、「自主的に」「調査の範囲を拡大している」と自画自賛した。ただし、ビラノバ大学はイリノイ大学と違って、どのような手法でどの程度までランキングシステムを欺いたのかを白状しなかった。フィラデルフィア・

インクワイア紙は「見苦しい沈黙」だと嘆き、同校が調査報告書を公開しないことを非難した。

２００５年７月にニューヨーク・タイムズ紙は、ラトガース大学スクール・オブ・ロー（ＵＳニューズ・ランキング72位）が短期プログラムを拡大してランキングを上げようとしていると報じた。ＬＳＡＴやＧＰＡの点数が低い学生を対象にサマースクールを実施し、履修単位数を調整して新学期はパートタイム学生の扱いにして、ランキング用のデータから除外していたのだ。実際、同校のフルタイム入学者は７年連続で減少していた。レイマン・ソロモン学部長は同紙に、「教育的な恩恵と経済的な恩恵があり、ついでにＵＳニューズ（のランキング）にも貢献する」と述べている。ベイラー大学スクール・オブ・ロー（ＵＳニューズ・ランキング50位）も似たような方法でランキングを上げていた。

7　不況知らずのロースクール

２０１０年５月、シンシナティ大学のポール・カロン法律学教授の「タックスプロフ・ブログ」に印象的なグラフが掲載された。グラフの線は２００２年から２０１１年にかけて、35％から75％近くまで急上昇していた。

アメリカの景気は低迷し、ロースクールを卒業する時点で進路が決まっている若者は減る一方だった。２０１１年には４校中３校――カロンのグラフの「75％」――が、ＵＳニューズに卒業時の就職状況のデータを提出できなかった。これらの学校は、ランキングの不可思議なルールに従って空白を埋めた。すなわち、「卒業時の就職率は、90日後の就職率より約30％低いと見なす」というルールだ。90日後の就職率は、おそらく米法曹協会の規定があるおかげで、ほぼすべてのロースクールが具体的な数字を提出していた。カロンによると、約２００校のうち、90日後の数字を30％以上下回る卒業時の就職率を自己申告した学校は16校しかなかった。そのなかには欠損値として先のルールに従って補完していれば、ランキングが上昇したと思われる学校もある。16校の正直者はいずれも80位以下で、大半がレベル３（２００校中１００～１５０位）だった。１～１００位の学校で、30％ルールによる卒業時の「見なし」就職率より低い数字を提出した学校はひとつもなかった。

ＵＳニューズの編集部はカロンの指摘を受けて、今後は欠損値を補完するルールを変更し、新しい計算方法は公開しないと発表した。しかし、隠したところで、野心あふれるロースクールはデータから逆算して計算方法を突き止めるだろうし、数字の操作もやめないだろう。

カロンのブログを注意深く読めばわかるように、正直者の16校は、卒業90日後の就職率が89～97％にのぼる。ＵＳニューズによると２０１１年のランキングに掲載された全２００校は、10校中４校の割合で卒業90日後の就職率が90％を超えていた。97％以上も９校ある。ランキング18位の南カリフォルニア大学は99・３％に達し、エールやハーバード、スタンフォードなどのトップ校を黙らせた。卒業生２００人強のうち、仕事が決まっていないのがあなたひとりだったとしたらどうだろう！

ところが、エモリー大学の2人の法律学教授は、これらの統計に反する現実を突きつけた――「2008年以降、法律職は最悪の雇用停滞から抜け出せずにいる。雇用不況と呼ぶ人も多いだろう」。法曹界の最前線にいる人々には否定のしようがない現実だった。

2012年4月、米法曹協会はJ・D課程を最近修了した人々の就職について詳細なデータを発表した。協会認定のロースクールが正規と非正規の雇用を区別し、ロースクールが経済的な支援をしている雇用かどうかを明確にして集計するのは初めてだった。ロースクールが毎年、おめでたい就職率を申告して、USニューズがその数字を素直に受け入れていることを嘲笑まじりに批判されるようになり、法曹協会は就職状況を報告する際の指針を改訂した。

新たな指針にもとづくデータによると(信頼できるデータと見なすことにしよう)、被雇用者の卒業生のうち、法律専門職の学位を必要とする長期の職に就いているのはわずか55%で、学校別の数字は大多数がこれを下回る。下位校の卒業生が多い職種を中心に、多くの仕事は給料が安くて学費ローンの返済が間に合わない。さらに、4分の1の学校が、卒業生の5%以上にあたる数の雇用をみずから創出していた。上位校ほど雇用の創出に熱心な傾向がある。エール大学(USニューズ・ランキング1位)、シカゴ大学(同5位)、ニューヨーク大学(同6位)、バージニア大学(同7位)、ジョージタウン大学(同13位)、コーネル大学(同14位)は、自校の卒業生の11~23%を大学で採用した。南メソジスト大学のロースクール(同48位)は2010年以降、大学が諸費用を負担して法律事務所で2カ月間「仮採用」される制度を実施。卒業生の約20%がこの制度で働いている。大学は雇用主が給料を払う仕事と見なしているが、実際は雇用主に経済的な負担はない。

ロースクールは、夢のような就職率を報告するだけでなく、卒業生の96%から就職状況のデータを収集するという偉業も成し遂げている。あらゆる種類の調査を考えても、前例のない回答率だ。コロラド大学ボルダー校のポール・カンポス法律学教授のブログ「ロースクール悪徳商法の裏側」によると、回答なしの欠損値として扱われている卒業生の1割がトーマス・M・クーリー・ロースクール（USニューズ・ランキングの第4グループ）の出身だという。同校のサイトを見ると、法曹協会が雇用統計のでっち上げを容認していることが浮き彫りになる。ロースクールはすべての卒業生について、長期の正規雇用に就いていないと証明されないかぎり、長期の正規雇用としてカウントできるのだ。

ニューヨーク大学スクール・オブ・ローのリチャード・マタサー学部長は、大学の格付けゲームの「伝説」や「駆け引き」をいくつか紹介している。たとえば、「卒業生に電話をかけ、かけ直さなければ就職していると見なすというメッセージを留守番サービスに残す」。また、クーリー・ロースクールは、法律職の派遣会社の紹介で働く人を長期の正規雇用と見なしている。

2012年5月にカリフォルニア大学ヘイスティングス校カレッジ・オブ・ロー（USニューズ・ランキング44位）は、3年間で定員を20%削減する計画を発表した。その狙いについてフランク・ウー学部長は次のように説明した。「学校の規模が小さくなると、評価で有利になるだろう。学生はより充実した経験ができ、就職の実績も上がるはずだ」。その結果として、ランキングが上昇するというわけだ。ウーは一部の懐疑的な意見に対し、次のような声明を発表した。

ヘイスティングス校はランキングを重視しており、順位を上げるためにできる努力は惜しまない。実際に、統計を分析して行動を起こしている。ただし、学問的な恩恵があって倫理的に問題のない行動にかぎる。

この声明の数カ月後、ジョージ・ワシントン大学のロースクール（USニューズ・ランキング20位）も定員削減を表明した。あとに続く学校はさらに増えるはずだ。

8　法律ポルノ

2005年8月、シカゴ大学のブライアン・ライター法律学教授はブログ「ブライアン・ライターのロースクール報告書」で、「セクストニズムを監視する」と題したキャンペーンを始めた。ジョン・セクストンはニューヨーク大学スクール・オブ・ローの元学部長で、現在は同大学の学長を務めている。このセクストンこそが「法律ポルノ」の考案者とされている。法律ポルノとは、「無節操でばかばかしくも、同業者に向けて自校の業績や教授陣を吹聴する誇大広告」のことで、全米のロースクール関係者に送られる、いわばジャンクメールなのだ。

ニューヨーク大学はマーケティングに力を入れはじめた当初、その名も「ザ・ロースクール」という豪華な広報誌を作成した。表紙は著名な法哲学者ロナルド・ドウォーキンの鮮やかなカラー写真だった。匿名でブログを書いているある法律学教授は、1週間に43通のジャンクメールを受け取った（贅沢なカラー仕上げの冊子も8通あった）。総重量は3キロ近くに及んだという。ブログ「マネーロー」のジム・チェンはミネソタ大学教授時代に、セクストニズムを「教育機関の（信憑性があるとはかぎらないが）巧妙なプロモーションで、自分たちを評価する人やライバル校に向けて発信する作戦」と定義した。

２００５年以降は多くの大学が、ブランドの認知度の目安となる「マインドシェア」の獲得競争に加わっている。数十年に及ぶ消費者調査から、ダイレクトマーケティングがブランドの浸透に役立つことはほぼ間違いない。ＵＳニューズのランキング用の調査に回答するロースクールの学長や法律家にも効果的だ。プロモーション資料の出来栄えは、その学校の洗練されたブランド戦略を物語る。成熟した企業と同じように、形式や紙、デザインの試行錯誤を重ねていく。おまけや特典で気を引こうとするのも、広告の基本的な手法だ。アラバマ大学スクール・オブ・ローのポール・ホルウィッツはブログ「プラウフスブラウグ」で、客員教授に配られる大量のグッズを紹介している。マグカップ、帽子、ニット帽、ノート、鞄、冷蔵庫用マグネット、コースター、時計、読書灯、チョコレート、ワイン、コーヒー豆など、すべて大学のロゴ入りだ。マーケティング用語で言う「インパクトの強い」道具だが、そのうち飽和状態になって効果も薄れそうだ。

9　ドーピングをしても勝てない場合

２０００年代に入ると、データ遊びに長けた入試事務局長は全米のロースクールで豪華なオフィスに陣取るようになった。しかし相次ぐスキャンダルでUSニューズ・ランキングの権威が脅かされ、大学の運営陣は信頼を失っている。次世代の教育を委ねられていた学校は、倫理にもとる行為の現場を抑えられた。彼らが主張する教育的な恩恵は、良く言えば疑わしく、悪く言えば世間を欺く口実にすぎない。ＬＳＡＴの半分以上のスコアを改ざんするような大胆な手口は、たぶん広まらないだろう。一方で、雇用統計を操作したり、正規の学生をパートタイム学生に分類するような戦術は、今や常套手段になった。元自転車選手のランス・アームストロングが過去の禁止薬物使用を認めた際に、「みんながやっている」ことであれば不正にはならないと言い訳した場面がよみがえる。

私たちが知っていることは、明らかに氷山の一角にすぎない。この章で挙げた例のほかにも、次のようなデータの水増しが報告されている。

- **１年次の退学率**
- **実体のない経費を計上して、学生１人あたりの教育投資額を底上げする**
- **大手法律事務所に就職する卒業生の人数を過剰に見積もる**

一方で、ランキングデータをめぐる不正スキャンダルは、ランキング上位の有名大学にも及んだ。クレアモント・マッケナ大学（USニューズのリベラルアーツ・カレッジ・ランキング9位）やエモリー大学（同全米大学ランキング20位）、アイオナ大学（同地域別大学ランキング・北部30位）もそれぞれ、多岐にわたる統計を操作していたことを認めた。海軍兵学校は、合格率が極端に低い超難関というイメージを維持するために、出願手続きに不備があって受験できなかった出願者もカウントしていた。ニュージャージー州ではいくつかの大学が、SATの数字を水増ししていたことが発覚している。

アメリカの大学では官僚化が進み、内側から改革を始めることができずにいる。データ操作のスキャンダルが発覚するたびに、学校の運営陣は自分たちの役割を、学内の文化を変えて道徳的な再生を主導することではなく、影響を最小限にとどめて事後処理を行い、広報を取り仕切ることだと考える。大学が任命した調査委員会は入試事務局のなかで孤立しがちなスタッフや数人の悪役に責任を押しつけ、管理責任者は言い訳に終始する。

イリノイ大学カレッジ・オブ・ローは、「今回のデータ操作は……ひとりの従業員による」行為だと説明。大学がまとめた調査報告書は悪びれもせず、「イリノイ大学カレッジ・オブ・ローの運営陣は、現学部長の指揮のもと、誠実さと倫理観と透明性の原則を適切に守っている」と書いている。学部長が「限界に挑んで」「既成の概念にとらわれるな」と入試事務局長にはっぱをかけた意図は誤解されたのだという。

不正の詳細を明かさずに「見苦しい沈黙」で乗り切ろうとしたビラノバ大学スクール・オブ・ローは、「（入試事務局の）担当者がひそかにやったことで……ロースクールも大学も、誤ったデータを報告するように、直接的にも間接的にも誰かに示唆したことはない」と弁明した。

クレアモント・マッケナ大学の学長は「（入試事務局長以外の）ほかの従業員が関与していないことが……（調査）報告書で確認できて満足している」と語った。「今回は例外的な出来事だった」

これらの大学の関係者は、自分たちは業界の慣例に従ったとかばい合う。USニューズ・ランキングにこだわるのも、GPAとLSATの目標値を設定することも、仮定のデータでランキングがどのように変わるかを予想するのも、ランクアップを達成したら大学から報奨金が出るのも、みんながやっていることだ。学内の良識で入試事務局長の暴走を止められなかった反省は出てこない。

カリフォルニア南部の名門校クレアモント・マッケナ大学は、ドーピングはしたが効果はなかったと弁明した。同校は２００４年から２０１２年にかけて、SATの平均値と中央値、ACT（SATと同様に大学志願者が受験する学力テスト）の平均値と中央値、SATのセクション別の得点分布、高校を上位10％の成績で卒業した学生の割合、さらには合格率のデータを改ざんしていた。ロサンゼルス・タイムズ紙によると、パメラ・ガン学長は次のように語っている。「SATのセクション別の点数を10〜20点水増しして、総得点の平均をかさ上げすることも多かった……ただし、各セクションは８００点満点だから、増やした分はそれほど多くない」

無知なふりをしているのか、それともただの無知なのか。ロサンゼルス・タイムズ紙は学長の発

■図表1-8 ドーピングの真の威力

クレアモント・マッケナ大学は800点満点に対して10〜20点分の水増しをしたと説明した。しかし厳密には、平均点の標準的なばらつきの幅（20点）と、合計点の平均に水増しした30〜60点を比較して検証しなければならない（1600点は2セクションの合計点）。

(a) 理論上あり得る平均点のばらつき（400〜1600点）と比較すると、水増し分は「たいして多くない」

(b) SATの平均点の標準的なばらつきの幅（20点）と比較すると、かなり大胆な水増しと言える

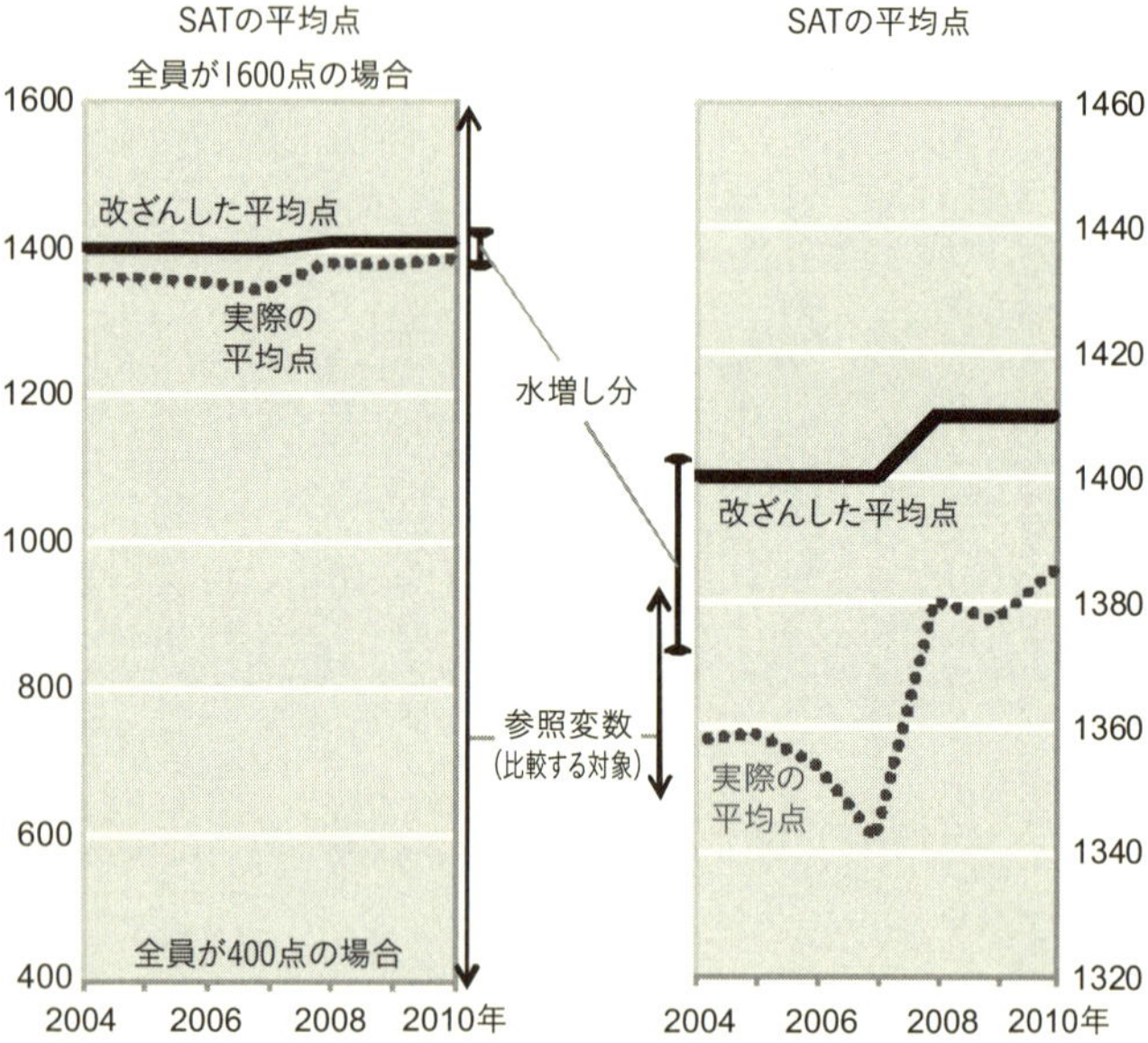

言をそのまま掲載し、論評は加えなかった。しかし同紙の記者にナンバーセンスがあれば、800という数字が目くらましだと気がついたはずだ。個人の点数を10〜20点水増しすることがしゃっくり程度だとしたら、全体の平均を10〜20点水増しすることは肺炎のようなもの。かなり大がかりな詐欺だ。約300人の1年生全員について10〜20点

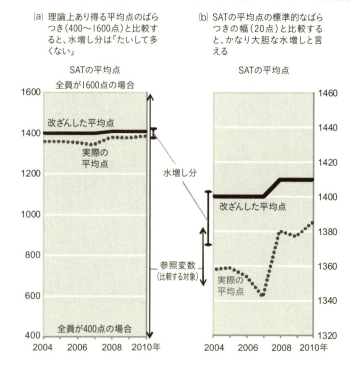

ずつかさ上げすることになる。総計3000〜6000点だ！　ちなみに、クレアモント・マッケナ大学はSATの「バーバル（旧リーディング）」と「数学」の二つのセクションで平均得点を水増ししていたから、改ざんした総計は2倍になる。

一連の調査から、クレアモント・マッケナ大学はSATの二つのセクションを足した合計点の平均を、年によって30〜60点水増ししていたことが判明した（この水増し分を2で割って端数を切り捨て、セクションごとの数字として報告していた）。合計の最高点は1600点だ。仮に合計点の平均が1600点だとすると、300人の学生全員が1600点ということになる。極端すぎる例で話がそれたが、重要なのは合計点の平均がどのくらいかではなく、合計点の平均が年によってどのくらい違うかということだ。統計学では、平均値のばらつきを「標準誤差」と呼ぶ（図表1-8）。

クレアモント・マッケナ大学の場合、毎年のSATの平均点を計算すると、3分の2の確率で20点のばらつきの範囲に収まる。このとき平均点を30〜60点水増しするのは暴挙に等しい。たとえば、ある年の平均点が、過去の平均点のばらつきの50パーセンタイルに位置するとしよう。平均を30点水増しすると、99・7パーセンタイルに上昇する。成績がCの学生を全員Aにするようなものだ。これを「それほど多くない」と言い張るのは、恥知らずでしかない。

しかも、この計算は実際の改ざんより控えめだ。平均点のばらつきが20点の範囲になるのは、新入生のSATのスコアのばらつきが、SATの全受験者から無作為に抽出したサンプルと一致する場合だ。しかし言うまでもなく、全米ランキング9位のリベラルアーツ・カレッジには、SATの成績分布の最上位から学生が集まる。

まさに今、ここで、ナンバーセンスが求められている。有名大学の学長のように立派な肩書きの人がさりげなく統計を持ち出しても、素直に信じてはいけない。ナンバーセンスは懐疑的な目であり、探索と検証をせずにいられない衝動だ。トリュフを探す豚の鼻で、数字の珍味を探り当てるのだ。ただし、ナンバーセンスは訓練と忍耐の賜物でもある。統計の基本的な概念も少々必要だ。平均や中央値、パーセンタイルの意味も理解しなければならない。比率を構成要素ごとに分解すれば、思考が開けてくるだろう。比率を加重平均で説明することもできる。欠損値は慎重に吟味しなければならない。とくに、統計的な推測で補完されている場合は要注意だ。恥知らずな不正は巧妙でわかりにくいが、矛盾点から露呈していくものだ。

1

2

3

4

5

6

7

8

違う統計を使えばあなたの体重は減るだろうか？

あなたの目の前に小さな袋が五つある。四つは粉末のミルクセーキ（チョコレート味が3袋、バナナ味が1袋）で、冷たい水にさっと溶ける。もうひとつは粉末のチキンスープ。こちらはお湯を注いでかき混ぜる。以上が、きょう一日の食事だ。冷たいミルクセーキが4杯と、温かいスープが1杯。あとは水をコップ8杯。すべて液体だ。袋ひとつあたりタンパク質が約14グラム、炭水化物が20グラム、脂質が3グラム。しめて800キロカロリーになる。

午前8時に1杯目のミルクセーキをかき混ぜる。さらに水をグラスに1、2杯。昼食に2杯目のミルクセーキを飲み、3時間後に3杯目。夕食はスープだけ。寝る前にバナナ味のミルクセーキ。この食事を最低100日、続ける。

空腹に耐えてじっと座っているわけにはいかない。運動は週に5回、1回につき60分。液体だけの食事のせいで、めまいがして、足元もふらつくかもしれない。最初のうちは20分も運動したら、疲れて座り込んでしまうだろう。情けないかぎりだが、次回の面接では正直に話さなければならない。1週間に1回、トレーナーに状況を報告し、例外的な出来事は事細かく記録される。2週間に1回は心拍数や血圧などのバイタルサインを測定する。

あなたはいったい何者なのか。成人が一日に必要なエネルギーの目安は2000〜3000キロカロリーだから、「普通の」成人でないことは確かだ。食事や日常の活動について、ある程度の自由を放棄している。毎日の生活のなかで重要な部分に関し、他人の指示を受け入れている。一方で、強い個性と意志の持ち主だ。簡単には屈しない。かなりの苦痛に耐えられるようだ。

あなたは「オプティファースト」でダイエットに挑戦しているのだ。オプティファーストは、1974年にノバルティス・ニュートリション（現在はネスレの傘下）が発売したダイエット食品だ。その名前が広く知られるようになったのは、1988年11月のこと。超人気トーク番組の司会者オプラ・ウィンフリーがカルバン・クラインの10号のジーンズに脚を包み、4カ月で30キロの減量に成功したと宣言した。これまでにオプティファーストの減量プログラムに挑戦したのは、のべ100万人以上と言われる。約半分の人が最後までやり抜き、固形物の食事を少しずつ増やして日常生活に戻る。必要なのは根気だけではない。標準的なプログラムは18週間で最大3000ドルかかる。

アメリカのアキレス腱

オプラの喜びは長くは続かなかった。オプティファーストをやめてからわずか2週間で4・5キロ増え、4年後には人生最高の107・5キロに達したのだ。オプラだけではない。米国科学アカデミー医学研究所（IOM）によると、何らかのダイエットに挑戦した人の98％が、5年以内に元の体重に戻っている。これは誰もが知っているダイエットの落とし穴だ。体重は、減らすより維持することのほうがはるかに、はるかに大変なのだ。

「いったいどうすればいいんだ」と、ワシントン州キング郡のダレル・フィリップソンは嘆いた。「意志の問題じゃない。考えてどうにかできることじゃない」。63歳のフィリップソンは40年以上、体重と戦ってきた。自転車、ウォーキング、トレーニング。オーバーイーターズ・アノニマス〔訳注：摂食障害の自助グループ〕に参加し、低炭水化物ダイエットも試した。アメリカで人気の減量プログラム「ウエイト・ウォッチャーズ」やオプティファーストにも挑戦した。しかし、フィリップソンはオプラと同じようにリバウンドを繰り返した。まいた種はひとつも実をつけず、２０１１年に判事を退職したときの体重は１９３キロだった。

フィリップソンのダイエット人生は、２０１２年にＨＢＯのドキュメンタリー番組「ウェイト・オブ・ザ・ネーション」で紹介された。アメリカの肥満問題の憂鬱な現実を4回にわたって描いた番組には、ダイエットに失敗した人が次々に登場した。オードリーという女性は13～23キロの減量を50回か60回、繰り返している。ダイエットを指導する医者は決まってエクササイズをしろと言うが、実は驚くほど効果がない。スナックバー1本分のカロリーを消費するためには30分のランニングが必要だ。ピザ1切れは1時間。レギュラーサイズのハンバーガー1個なら3時間15分だ。

ＮＢＣのリアリティ番組「ビギスト・ルーザー」が誤解を広めているという指摘もある。体重過多の参加者が専属トレーナーのもと、徹底した食餌療法とエクササイズに挑む人気番組だが、実際は肉体の運動だけで体重を急激に減らすことはできない。ある双子の兄弟は1人だけが肥満だが、彼は肥満のリスクの60～80％は遺伝子で決まると知って、相棒が「遺伝子を盗んだ」と責めている。アイオワの小規模農家は、大規模なアグリビジネス業者が果物と野菜の代わりにトウモロコシと大豆を栽培すると補助金を出す連邦政府の農業政策に抗議する。果物と野菜の作付面積は農地のわずか3％未満なのに、というわけだ。ソフトドリンク業界はビル・クリントン政権時代に、小学校の食堂や自動販売機で炭酸飲料の販売をやめることで合意したが、コカ・コーラやペプシの代わりに同じメーカーのジュースやスポーツドリンクが並んでいる。どちらもエンプティ・カロリー（栄養成分を含まない糖質などのカロリー）の量は同じだ。また、短期間で体重を減らすと、体が基本的な密度を保とうとするため、減量した体重を維持するのが難しくなるという考え方もある。

「ウエイト・オブ・ザ・ネーション」に説得力があるのは、個人の失敗が積み重なっているからだ。個人の失敗が積もり積もって、国家的な危機に発展する。たとえば、米教育省が9年生向けに数学の学力テストを作成し、5年間で30％以上の生徒が合格点を取るという目標を設定したとしよう。この控えめな目標を達成した学区がひとつもなかったとしたら、あまりに情けないではないか（しかも、合格点を正解率50％から30％に引き下げたにもかかわらずだ。実際に似たようなことが2008年にニューヨーク州で起きた。詳しくは後で説明する）。

2000年に米疾病対策センター（CDC）が「ヘルシー・ピープル2010」（訳注：国民の健康を促進して疾病を予防するために、10年計画で健康上の目標を設定するキャンペーン）を始動させたとき、成人の肥満率が30％を超える州はなかった。CDCはすべての州が10年間で15％まで下げるという目標を掲げた。10年後、目標を達成した州は――ひとつもなかった。最も肥満が少ないコロラド州でも6％届かず、12の州は30％という衝撃的な数字さえ超えていたのだ。

アメリカで肥満に対する危機感が高まりはじめたのは１９８０年代だ。肥満率は20年近く14％前後を維持していたが、１９９０年代前半に男性が21％、女性が26％に急増。２０００年に男性が28％、女性が34％に達した。２００８年には男性の肥満率は32％まで増えたが、女性は微増の35％だった。容赦のない右肩上がりの数字に、保健医療の専門家は頭を抱えた。いったいどうすればいいのだろう。

2　BMIの幻想

ダイエットは短期的な解決策にすぎない。成功してもせいぜい体重の10％が減るだけで、減った分はほぼ確実に戻る。食べる量がしだいに増え、運動が脂肪を燃焼するペースが追いつかなくなる。そこで南カリフォルニア大学の疫学者ジェームズ・ヘバートは、「(肥満の)問題と公衆衛生対策の結果の判定基準」を改善すればいいと考えた。同大学があるカリフォルニア州は、２０１０年に成人の肥満率が30％を超えていた12州のひとつだ。

判定基準を改善するという考え方は、「ウエイト・オブ・ザ・ネーション」の放映と同じ時期にマスコミで話題になった。ちょうど、ニューヨーク州衛生局長のニラブ・シャーと、マンハッタンで健康管理クリニックを経営するエリック・ブレイバーマンが新しい研究を発表していた。２人は肥満の新しい定義を提案し、標準的なアメリカ人はこれまで思われていた以上に太っていると警告。より正確な基準で肥満を判定すれば、結果的に保健政策と医療が向上すると主張した。彼らの言うとおりなら、肥満との絶望的な戦いも、肥満の定義を変えることによって勝利に導けるのではないか。魅力的な筋書きに、マスコミがこぞって飛びついた。メディアに取り上げられることによって研究は正当化され、誇張される。しかし、シャーとブレイバーマンの研究はどこまで信頼できるのだろうか。「思われていた以上に太っている」とはどういう意味なのか。

シャーとブレイバーマンが標的にしたのはＢＭＩ（ボディマス指数）だ。体重（キログラム）を身長（メートル）の二乗で割って体格を表すこの指数は、「ウェイト・オブ・ザ・ネーション」でも第１部の冒頭に登場し、第４部の終わりまで専門家の口からつねに語られる。視聴者はＢＭＩを、肥満の基準としてほとんど疑問を抱かずに受け入れている。医師が患者に太りすぎだと指摘するときも、米国立衛生研究所（ＮＩＨ）の調査もＢＭＩを使う。

「ボディマス指数」という名称を考えたのは、ミネソタ大学の生理学教授アンセル・キーズだ。キーズは、飽和脂肪酸とコレステロールが心臓疾患と強い関連性があると主張したことでも知られ、彼の理論から生まれた地中海式ダイエットは最近、再び話題を集めている。キーズはさらに、政府は予防的な医療や健康管理を促進するべきだとつねに主張していた。彼が１９７２年に発表した論文を機にＢＭＩは世界的な基準となったが、計算式を考案したのは別の人物だ。

体重が身長の二乗に比例することに初めて注目したのは、ベルギーの統計学者アドルフ・ケトレーだ。社会学に数学の手法を持ち込んだことでも知られるケトレーは、１８３１年に「平均人」という画期的な概念を提唱し、体重と身長を関連づける普遍定数を探していた。似たような体格の人は、体重と身長の比率も似ているはずだと考えたのだ。現代ではＢＭＩが18・5〜25が理想とされ、その範囲から逸脱すると私たちは心配になる。

肥満率はＮＩＨの数字が広く使われ、現在はアメリカの成人の34％が肥満とされる。この数字は２００８年の全国健康栄養調査（ＮＨＡＮＥＳ）によるもので、同調査は毎年１万人の代表標本を対象に聞き取り調査と身体検査を行う。肥満の定義は、ＢＭＩが30を超える人。身長１６５センチの女性で体重80キロ以上、身長１８８センチの男性で１０６キロ以上というイメージだ。

このＢＭＩの代わりに、シャーとブレイバーマンは体脂肪を直接計測する手法を用いる。彼らの計算では、アメリカ人の肥満率は34％ではなく64％になるはずだ。この数字が正しければ、ＢＭＩは嘆かわしいほど不正確ということになる。彼らは、ブレイバーマンが経営するクリニック（ＰＡＴＨメディカル）の患者１４００人にＤＸＡ（二重エネルギーX線吸収法）スキャンを実施した。ＤＸＡは波長が異なる2種類のX線を照射して、透過率から骨、筋肉、脂肪の身体組成を調べる手法で、骨密度を計測するために開発された。ＢＭＩは脂肪と筋肉を区別せず、両方を体重の要素と見なすが、早すぎる死をもたらす原因とされるのはもっぱら脂肪だ（シャーに研究資金を提供したＰＡＴＨメディカルでは患者の18％が初診時に、71％が3週間以内にＤＸＡスキャンを受ける）。シャーたちは、ＢＭＩによる体格の分類は40％の患者について間違っていると指摘した。ほぼすべての「間違い」は、ＤＸＡでは肥満と判定される人がＢＭＩの判定ラインをクリアしているということだった。

シャーとブレイバーマンは私たちに希望を与えた。ＢＭＩの代わりにＤＸＡを使えば、すべてうまくいきそうではないか。

3 判定基準の裏切り

あなたが肥満かどうかは、肥満の定義による。肥満は客観的な値がない量であり、交渉と操作が入り込む。言い換えれば、巷にあふれる判定基準と同じようなものだ。教師の質、生徒の才能、従業員の業績、ワインの点数《レーティング》、顧客の満足度、企業の収益性。いずれも固有の価値はなく、何が「正しい」かは推測するしかない。

しかし、確かなことがひとつある。主観的な計測は邪悪な行動を招きやすいのだ。ニューヨーク州は2000年代前半に始まった「ノー・チャイルド・レフト・ビハインド（落ちこぼれをつくらない）」政策の目標を達成するために、学力テストの合格基準を引き下げるという愚かな手を使った。教育現場で成果主義が広まるにつれて、平均以下の成績の生徒が、学校の成績を下げないように退学を迫られている。また、カスタマーサービスに電話をかけて、いつになく丁寧に対応されたと思ったら、その後すぐに顧客満足度を調査するアンケートを依頼されたという経験はないだろうか。

何かを測るシステムは、つねに悪用される可能性がある。肥満の判定基準をめぐる議論は、基準と呼ばれるものの危うさを見せつける。そこで、ナンバーセンスをもとに問題点を検討していこう。

a 期待を裏切る結果が出たら、計測方法を変えればいい

失敗を受け入れるのは難しいものだ。期待を裏切る結果を前にすると、減量プログラムのどこが悪かったのかではなく、計測方法のどこが悪かったのかと思いがちだ。ロサンゼルス・タイムズ紙のメリッサ・ヒーリー記者によると、「この2年、研究者は……(BMIに代わるさまざまな手法を使って)減量カウンセリングや運動プログラム、薬物療法などの効果を計測している」。これらの減量対策が失敗したのは、BMIの変動が足りないという意味にすぎないと、ヒーリーは示唆した。判定基準を改良すれば、これらの対策も魔法のように効果的になるだろう。

NIHはBMI＞30の基準をもとに、成人女性の推定36％が肥満とする。一方で、ブレイバーマンのクリニックの女性患者は、DXAにもとづいて74％が肥満と判定された。その差38％は、DXAでは肥満だがBMIでは肥満でない人となる。NIHにはさらに、「体重過多(オーバーウェイト)」という分類があり、成人女性の39％はBMIが25～30で「体重過多」に相当する。つまり、DXAの「肥満」は事実上、BMIの「肥満」と「体重過多」を合わせたものと言える。

体重過多の人を肥満に分類しなおすことによって、肥満の蔓延を食い止めることができるのだろうか。**図表2-1**のとおり、体格と死亡率は直線的な関係にない。最新の研究ではJ字型かU字型の曲線を描くことがわかっている。肥満(BMI＞30)と低体重(BMI＜25)は死亡率が平均よりわずかに高いと考えられるが、BMIが25～30の人は平均より長生きする傾向にある。したがって、BMIで体重過多の人をDXAで肥満と判定しなおしても、必要のない肥満治療が行われるだけか

■図表2-1 BMIと死亡率

体重過多の人は肥満や低体重の人より長生きする可能性がある。

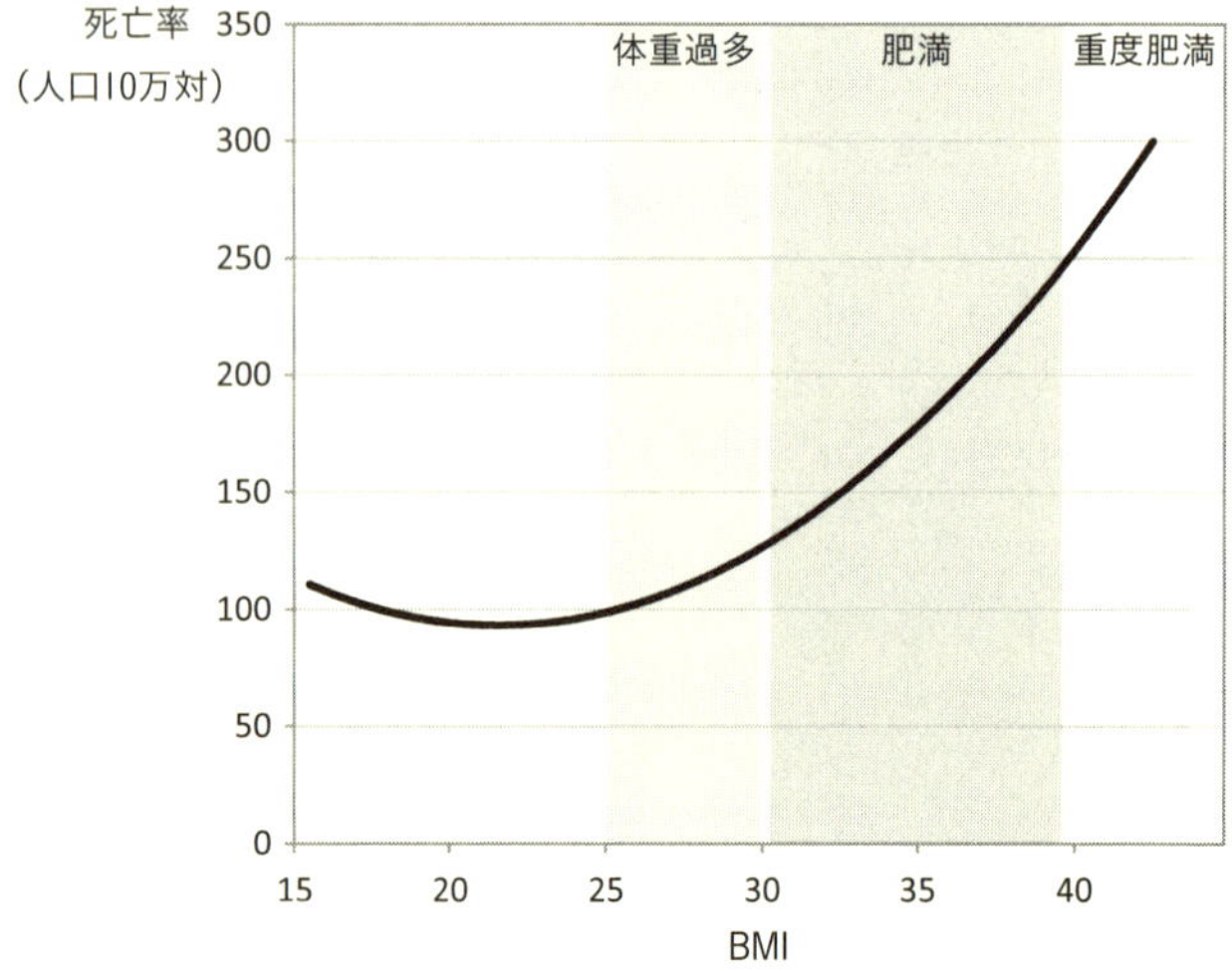

もしれない。

BMIとDXAの両方で肥満と判定される人もかなり多い。現在の保健政策とダイエット方法で効果がないのなら、判定基準を変えたところで、やはり効果はないだろう。

b 基準を変えるほど結果は同じになる

データアナリストはよくわかっているように、計測基準の大半は強い相関関係がある。つまるところ、同じものを計っているのだ。

コロンビア大学とケンブリッジ大学、慈恵医科大学の研究チームによると、アメリカ、イギリス、日本の3カ国でBMIと体脂肪率の相関係数は0・7〜0・9だった。これはかなり強い相関関係を示している。胴囲は体脂肪をより的確に表すという意見もあるが、2006年の専門家会議で、胴囲を判定基準に加えても、男性の99・9%、女性の98%については推奨される治療の内容は変わらないという結論になった。胴囲とBMIの相関係数が0・80~0・95であることを考えれば当然だろう。肥満の複数の判定基準のあいだで違いが生じるのは基本的に体重が軽い人で、プロのアスリートにも多いことがわかっている。どちらも肥満治療の対象ではない。

シャーとブレイバーマンは、BMIとDXAの強い相関関係に注目した。実際、彼らの患者のうちBMIで肥満と判定される人のほぼ全員が、DXAでも肥満と判定された(図表2-2)。BMIの肥満の足切りラインを30から25に変更すれば、二つの判定基準は事実上、一致する。

c 新しい基準は正確でも疑わしい

新しい基準は、ある程度の量のデータがたまるまで有用性を検証できない。新しく提唱された基準の多くは理論上の希望をもたらすにすぎない。

肥満を判定する目的は、肥満に関連する病気と戦うためだ。しかしシャーとブレイバーマンがみずから認めているように、「DXAは体脂肪を直接計測し、脂肪による肥満の基準としてはBMIより優れているが、病気との関連性はない」。これに対し数十年の研究から、BMIは2型糖尿病、循環器疾患、一部の癌などとの関連性が認められている。体脂肪の目安としては不完全かもしれないが、ケトレーが数式を開発してから200年近く経った今も、BMIは肥満に関連する病気の目

■図表2-2 BMIとDXAの判定結果

BMIで肥満と判定される人のほぼ全員が、DXAでも肥満となる。濃い色のマスは2つの判定が食い違う。BMIよりDXAのほうが、肥満と判定される人は38％多い。

すべての患者

		DXA 肥満ではない	DXA 肥満	計(BMI)
BMI	肥満ではない	35 %	39 %	74%
BMI	肥満	1 %	25 %	26%
	計(DXA)	36 %	64 %	100%

女性患者

		DXA 肥満ではない	DXA 肥満	計(BMI)
BMI	肥満ではない	26 %	48 %	74%
BMI	肥満	0 %	26 %	26%
	計(DXA)	26 %	74 %	100%

出典：Table 2, Shah and Braverman, p.4

安としてDXAより優れているのだ。

医学では治療方法を改善するより症例を増やすほうが、治療実績の数字は向上する。DXAはより多くの人を肥満と判定する。ぎりぎりで肥満と判定された人は、平均的な肥満の人ほど太っておらず、健康上のリスクもより小さい。治療方法を変えなくても、より健康と思われる人を治療対象として加えるだけで、全体として治療の実績は向上するという仕組みだ。

d 基準はしだいに複雑になり、コストがかさむ

数式をいじりたくなる衝動は繰り返しやって来る。数式をいじれば、ほぼ確実に複雑になる。基準が複雑になるほど、基準の使い方は複雑になり、基準が改良されにくくなる。

計算は誰でもタダでできる。簡単な計算機があれば、誰でもBMIを計算できる。一方、DXAスキャンは数百ドルの検査料金がかかり、高価な機器を備えたク

リニックに出向かなければならず、専門の医師しか結果を解析できない。さらに、体の変化を観察するために定期的にスキャンを受け、そのたびに放射線を浴びる。とはいえ、カネをつぎ込むと達成感が生まれる。高いワインほどおいしく感じるものだ。

e 新しい基準が古い基準を駆逐する

新しい基準が複雑になると、新しいデータが必要になる。普通は、古いデータを使いまわすことはできない。その結果、これまでの経緯は切り捨てられ、ゼロから新しい計測を始めることになる。実に都合のいい話だ！ １９９４年にビル・クリントン米大統領（当時）は、失業率を算出するための調査方法を大幅に変更することを承認した。新たに求職中の人の振る舞いに関する調査が加わったが、これらの項目は従来の調査にはなかったため、新しい失業率を過去のデータと比較することはできなくなった。

ＢＭＩは、肥満の判定基準として世界的に使われている。１９７０年代以降、各国の保健機関がデータを収集し、疾病の予防や治療とＢＭＩの関連性について医学的な研究が発表されている。同じ年の国別のデータを比較したり、ある国について一定期間のデータを追跡することもできる。ＢＭＩが切り捨てられ、はるかに複雑でコストがかかるＤＸＡに取って代わられたら、過去の記録も破棄するしかない。

4　何が問題なのか

私たちは肥満との戦いに追われ、本当に解決しようとしている問題を見失いかけている。倒すべき敵は、肥満ではない。糖尿病や脳卒中など、肥満に関連する病気が原因となる早すぎる死を撲滅しようとしているのだ。この違いは重要だ。肥満との戦いに勝っても、早すぎる死との戦いには負けるかもしれない。

２００２年にハーバード大学公衆衛生大学院のトビアス・カース医師を中心とする研究チームが、全米の男性医師約２万２０００人を対象に実施された「医師の健康調査（ＰＨＳ）」のデータを分析し、ＢＭＩと脳卒中のリスクに関連性があると指摘した。

　ＢＭＩが23より小さい調査対象者と比較すると、30以上の人は全脳卒中の調整後相対リスクが2・00（……I・48〜2・7I）になる……いずれのグループもＢＭＩが上昇すると、調整後相対リスクは6％という有意な増加を示す。

専門用語をもう少しわかりやすく言い換えると次のようになる。

調査対象者の男性医師のうち、肥満の人はBMIが23より小さい人に比べて、脳卒中になる確率が2倍高い。体重が約3・2キロ（身長は標準とする）増えるごとに、リスクは6％ずつ増える。

ほかにも数多くの研究から、太っているほど病気になりやすく、肥満は寿命を縮めることがわかっている。ただし、このような指摘の統計的な意味は誤解されがちだ。

科学誌は「有意」という言葉を使いたがり、専門家ではない読者はその言葉に重大さを感じる。一般に5％程度が統計的に有意とされる。ここで統計はばらつきを語ることを思い出してほしい。先の例で言うと、統計的に重要なのは、PHSの調査対象である男性のデータと調査対象ではない男性のデータのばらつきだ。調査対象者に関する統計的な結論は、調査対象外の人にも、基本的なプロフィールが共通するかぎり当てはまる。ここでは、高度な教育を受けた白人男性で、体重は標準的、医療にすぐアクセスできる人だ。統計的に有意な結果とは、その結果が重大だという意味ではなく、一般的に当てはまる結果という意味にすぎない。

では、脳卒中のリスクが6％増えることは、実際にどのくらい重大なのだろうか。40〜84歳でBMIが23より小さい男性は、1年間に0・23％（約3万人）が脳卒中になるとされる。肥満の男性はこれよりリスクが6％高い。10万人につき14人以上が脳卒中になる計算だ。言い換えれば、調査対象1万につき1人か2人となる。統計的に合理性のある調査では、BMIが23より小さいグループと30より大きいグループにそれぞれ数十万人が含まれる。科学誌の言う「有意」は、かなり小さな数字の場合もあるのだ。

さらに、2万8000人の男性を脳卒中から救うためには、2300万人を診察しなければならない。切れ味がかなり悪いメスで顕微鏡手術をやろうとしているようなものだ。これだけ多くの「空振り」があると、大半の治療に伴う副作用が問題になる。

たとえば、ヨーロッパで人気の痩せ薬アコンプリアは2009年に販売中止となった。臨床試験では服用した人の15%が吐き気を催した。また、服用した人の約半分が不安や鬱状態が強くなったのに対し、コントロール実験（対照実験）で偽薬を投与された人で同じ症状を訴えたのは28%だった。自殺率は服用者が偽薬を投与された人の2倍にのぼった。服用の効果があった人は少なく、悪影響を受けた人ははるかに多かった。当然ながらヨーロッパでは承認が撤回され、アメリカは承認を却下した。肥満に関しても、DXAで判定していたら治療対象となる患者の数が大幅に増えて、治療の本当の効果を数字から分析することは難しくなっていただろう。

5　本当の問題は何か

BMIと早すぎる死の関連は数多くの信頼できる研究が示しており、当然ながら、BMIを下げることが理にかなった対策だと保健当局は考えている。「ヘルシー・ピープル2010」のような肥満対策の取り組みも、ＢＭＩの目標値を中心に据えている。これに対しシャーとブレイバーマンはロサンゼルス・タイムズ紙で、ボディマスあらため「でたらめマス指数《バロニー》」に勝ち目はないと反論している。

体重計の目盛りを減らす試みは、短期的には減量しても長期的にはリバウンドして減量前より太る。体重に注目する代わりに、より多くの運動と睡眠と健康に良い（原文ママ）食事をとおして除脂肪筋肉量を重視した身体組成に変えていくように促していけば、医療的介入はより効果をあげるだろう。

しかし、より多くの運動と睡眠と健康的な食事にもとづくプログラムを厳格に守っても、元判事のダレル・フィリップソンのように、無駄に終わる場合が少なくない。体重だけを気にするのは愚かだという点では、シャーとブレイバーマンの指摘は正しい。ただし、身体組成だけに注目することも、まさに同じ理由で間違っているのだ。

ここで、医学的証拠の性質を確認しておこう。要因Ｘが疾病Ｙの原因だという結論は、どのように出されるのだろうか。先に挙げた「医師の健康調査（ＰＨＳ）」は、１９８２年から全米の40～84歳の男性医師約２万２０００人を対象に、アスピリンとベータカロチンについて循環器疾患と癌の予防効果を確認するために実施された。誰にどちらを処方するかは無作為に決められた。１９９２

年に発表された報告によると、ベータカロチンのサプリメントに癌を予防する効果はなかった。

ＰＨＳで収集されたデータは後に、ＢＭＩと脳卒中の関連性の研究にも利用された。被験者は調査開始時に、病歴やライフスタイル、身体情報など詳細な質問に回答しており、身長と体重からＢＭＩを計算できる。ＰＨＳの調査は１９９５年まで毎年、脳卒中を含む新たな診断を受けたかどうかを確認した。ＢＭＩと脳卒中の研究ではさらに、喫煙習慣や飲酒量、年齢、高血圧など、脳卒中のリスクに関連がある項目のデータを抽出した。

アスピリンとベータカロチンのどちらを処方するかは無作為に決められたため、アスピリンを処方されたグループを「治療群」、ベータカロチンを処方されたグループを、アスピリンではない偽薬を処方された「対照群」と見なすことができる。二つのグループに違いが生じたら、サプリメント以外の要因は同じなので、アスピリンが原因だと言える（治療群と対照群を入れ替えても同じことが言える）。ＰＨＳはコントロール実験（対照実験）のための調査でもあった。

ただし、実験後にデータを参照してＢＭＩと脳卒中の関連性を分析する研究は、サプリメントの効果を調べる本来の研究計画では検討されていない。このような後追いの研究は「観察研究」とも呼ばれ、狭義に解釈しなければならない。ＰＨＳの調査対象者で肥満の男性は、脳卒中を起こすリスクは高いが、ＰＨＳのデータでその理由を説明することはできない。

「相関関係は因果関係を含意しない」というこの原則は、基本中の基本だ。医学論文にも当然ながら、素っ気ない免責事項が添えられている。

「……ここではBMIと脳卒中の（因果関係ではなく）関連性を分析した」「高血圧や糖尿病など、脳卒中の確立されたリスク要因に影響を受けないリスクにBMIが影響を与える仕組みは、完全には解明されていない」

免責事項はアメリカの弁護士を喜ばせるために挿入される。ここでは統計学者に相関関係と因果関係を混同するなと警告しているが、彼らも巧妙だ。BMIと脳卒中に関する論文には、脳卒中のリスクに影響を与える「仕組み」はわからないと認めた後に、次の一節が忍び込ませてある。

これらの結果から、個人も医師も、脳卒中のリスクが高くなることは肥満の新たな危険性だと考えるべきだろう。肥満の予防は、男性の脳卒中のリスクの軽減に役立つはずだ。

論文を締めくくる最後の一文は、「完全には解明されていない」と認めたはずの因果関係を、医学的な見解に昇格させている。ただし、肥満が脳卒中の原因になるという前提がなければ、減量が脳卒中になる可能性を減らすとは言えないはずだ。この手の医学的助言がメディアで広まると、一般の読者には科学的証拠があると受け止められる。しかし実際は、相関関係が証明されているだけで、因果関係の姿は見えそうで見えない。

ブレイバーマンは、体重は不適切な目標であり、2型糖尿病や心臓疾患などの直接の原因ではないとも指摘する。確かに体重やBMIは、健康障害の可能性を示す指標にすぎない。しかし、ブレイバーマンたちがBMIより優れていると主張するDXAも、指標のひとつにすぎないのだ。BMIもDXAも、糖尿病や心臓疾患などの直接の原因ではない。原因と結果をつなぐ橋は、理論の上に築かれる。分析のどの部分がデータにもとづき、厳密にどの部分が理論にしたがっているのかを見きわめなければならない。

6　リバウンドの罠

原因がわからなければ、問題を解決することはできない。この点は肥満との戦いにおける最大の壁だ。腹部にたまった脂肪のせいだとする説もいくつかあるが、証明されていない。ほかにも遺伝子や生理学的状態、環境の影響、社会的影響、個人の行動など、さまざまな容疑者が挙げられている。

既存の治療法は、いずれもリバウンドという弱点がある。減った体重が戻るのは当然でもあるのに、痩せ薬の承認を申請する際は12カ月間の効果を証明すれば足りてしまう。

しかし、臆病な人にはおすすめできないが、リバウンドがない治療法がひとつある。肥満手術だ。最も一般的なものは胃バイパス手術で、想像をはるかに超える劇的かつ迅速な減量を実現できる。数カ月で27キロ以上減るのも当たり前で、多くの患者が減量後の体重を維持している。スウェーデン肥満者試験〔訳注：約4000人の被験者を、肥満手術を受ける「手術群」と従来の肥満治療を受ける「対照群」に分けたコントロール実験〕では、手術を受けたグループは2年間で平均約28キロ減ったのに対し、従来の治療を受けたグループは平均0・45キロだった。さらに、肥満手術後は、糖尿病や高血圧、睡眠時無呼吸症候群など、肥満に関連する症状も軽減される。この手の話題が苦手だという人は、次の引用は飛ばしたほうが賢明だろう。

ガスで丸く膨らんだ腹部を、白熱球が照らしている。直径1・2センチ足らずの円筒が5本、腹部を囲むように突き刺してある。筒の先から出てきた器具で肝臓を折り畳み、脇に固定する。脂肪のクッションをかき分けると、目指す臓器、胃が姿を現す。続いて、ピンセットとハサミ、ステープルガンを組み合わせた器具が登場する。本日の主役だ。さっとひとかきで、食道の入り口にほど近い胃壁に切れ目が入る。器具の先端が開き、細いステープルの針が切り口の端を縫う。さながらジーンズの裾上げだ。器具は胃の上を往復し、切って縫って、卵大の塊ができていく。これが小さくなった新しい胃袋だ。

脂肪のあいだから小腸が引っ張り出される。長さ約45センチ。胃の下部を腸と一緒に閉じ、引っ張り出した小腸と新しい胃袋を縫合してバイパスを形成する。小さくなった胃袋はすぐに食べ物でいっぱいになり、短くなった小腸は消化吸収が遅くなる。

余分なステープルの針は洗い流される。さまざまな消化器の位置や方向を針と糸で固定する。

消化管に空気を送り込み、腹腔に水を流しても気泡ができなければ、穴がすべて塞がれた証拠だ。腸と肝臓を正しい場所に戻して終了。大がかりな手術だが、2、3日の入院で済むときもある。

退院した患者は、大量の鎮痛剤を飲んで傷が癒えるのを待つ。内臓を予想外にかき回された衝撃から、体がゆっくり回復する。新しい胃袋は戸惑いながら、自分のやるべき仕事を覚える。最初は流動食からだ。60ミリリットルの牛乳を飲むのに1時間近くかかる。それだけの量さえ、非協力的な消化器が拒絶するときもある。数日間、何も食べられない人もいるだろう。空腹を感じないのも、食べ物を慎重に口に入れるのも、生まれて初めての経験だ。肺が体の新しい構造に慣れるのにも時間がかかる。すぐに息が切れ、体力を強化するための運動が必要だ。

続く数週間はパニックに襲われる。4000人に1人が死ぬ手術を受けたのだ（アメリカでは毎年約20万件の減量手術が行われ、死亡率は1〜2%）。いちばん多い死因は、胃からの漏出だ。傷口から大量に出血して真っ赤に染まったシーツを見て、患者は不安に襲われる。胃から漏出しているのか、それとも体内の自浄作用にすぎないのだろうか。処方どおり薬を飲んでいるのに、ときどき我慢できないくらいおなかが痛くなる。

緊急治療室で待つこと数時間。ひととおり検査を終え、鎮痛剤をもらって帰宅したが、医師は何も説明してくれなかった。きっと良い知らせなのだ。5人に1人は1年以内に再入院して、新たな手術を受ける。腹部にできた隙間に腸が移動してヘルニアができたら、手術するしかない。胆石も合併症のひとつだ。

固形物を口にできるようになっても、体の再学習は続く。一度に少量ずつしか消化できなくなり、つらい思いもするだろう。拒絶反応を起こす食べ物は避けなければいけない。食べ物が腸を通過する距離が短くなったため、ミネラル分の吸収が不足する。ビタミン剤などのサプリメントが手放せない。

これだけの痛みと苦しみを、あえて経験しようとする人々がいるのだ。彼らの心の支えは、週1回、体重計に乗る瞬間だ。体つきが見る見る変わり、体重が週に2キロ、5キロと、驚異的なペースで減っていく。最終的に体重が60%減る人も多い。経済的に余裕がある人は、だぶついた皮膚を除去する手術を受ける。

ダレル・フィリップソンは判事として27年間、多くの人々のために決断を下してきた。そして2011年に引退してからは、自分のために人生を変える決断を下した。40年間ずっと体重と戦ってきた。あらゆる治療やダイエットを試みたが、いずれも一時的な効果しかなかった。この苦しみを終わらせようと、フィリップソンは心を決めた。体にメスを入れるのだ。カネのかかる決断でもあった。最初の手術だけで2万ドル。合併症が出たら、出費がかなりかさむ可能性もあった。医療保険でカバーする段取りをつけるのに2年かかった。60代の男性がこれだけの大手術を受けると、死亡するリスクは明らかに高い。実際、フィリップソンも最初の胃バイパス手術から半年間に何回も入院した。胃からの漏出で命を落としかけ、腎臓結石を取り、閉塞した消化管を開通させるなど、手術台に6回か7回、横たわった。

胃バイパス手術を受ける前の体重は約193キロ、BMIは63だった。それが2012年7月には約80キロ減量し、BMIは36になった。その後も体重が減っているそうだ。

第2部 マーケティングデータ

Part 2

Marketing Data

客が入りすぎて倒産するレストランはあるか？

２０１１年5月4日、ロイター通信のファイナンス担当ブロガーのフェリックス・サモンは「グルーポノミクス」と題した記事を投稿した。この興味深い言葉を使ったのは、おそらく彼が初めてだろう。

１年半前には、グルーポンは存在しなかった。それが今や、５００余りのマーケットで７０００万人以上のユーザーを擁し、年間10億ドル以上を売り上げている。真似をするライバルは（数百とはいかないまでも）数十社。時価総額は最大２５０億ドルとも言われる。

半年後の11月4日、共同購入クーポンサイトのグルーポンは新規株式公開（ＩＰＯ）で7億ドル以上を調達した。時価総額は１６０億ドルを超えた計算になる。２５０億ドルには届かなかったが、アメリカの超大企業の基準で考えてもなかなかの数字だ。グルーポン株は上場初日から大幅に上昇し、食品のキャンベルスープ・カンパニーや、医療保険大手のエトナ、アパレルのリミテッド・ブランズ（傘下にヴィクトリア・シークレット、バス＆ボディ・ワークスなど）、軍需メーカーのノースロップ・グラマン、ソフトウエア開発のインテュイットなど、アメリカの名だたる大手銘柄を軽々と超えた。

グルーポンという小さな企業の仕事は、人々にメールを送信して、割引クーポンを売り込むことだ。さまざまな商品やサービスのほとんどが50％以上、値引きされる。たとえば、「ジョルジオズ・オブ・グラマシーの創作料理30ドル相当が15ドル」というクーポン**（図表3-1）**をグルーポンが販

■図表3-1 グルーポンが販売したジョルジオズ・オブ・グラマシーのクーポン（2011年1月）

売する。店は料理を提供し、客はグルーポンから購入したクーポンで店に支払い、グルーポンは所定の取り分を差し引いて清算する。

単純な仕組みだが、実態はわかりにくい。株式市場は最も活気のあるＩＴ系スタートアップともてはやしたが、はたしてそうなのだろうか。少なくとも今のグルーポンは、積もり積もった赤字の波が、洪水警戒ラインをいつ越えてもおかしくない。そもそも創業から1年半で、既に5億ドルの累積損失を計上していた。

同社の資産報告書をめくると、キャンベルスープやエトナのような企業とは似ても似つかない。商品もサービスも、送信するメール以外は何ひとつ生産していないのだ。顧客のターゲットを絞った広告を出し、営業担当が業者を訪ねてクーポンの契約を取りつけ、ライバル会社を真似して迅速に拡大する。それがグルーポンだ。

2011年の大半を通じて、グルーポンを担当する金融機関はIPOへの期待をあおっていた。報道は称賛か冷笑か真っ二つに分かれ、ロイターのサモンはグルーポンがどうしてここまで持ち上げられるのだろうと首をひねった。同じ疑問を感じた人も少なくないだろう。グーグルで「グルーポン　ネズミ講」と検索すると、一時は19万件ヒットした。

真面目な読者は（私もそのひとりだ）サモンの記事「グルーポノミクス」に、彼らしい鋭い分析と機知に富む現実的な感覚を期待しただろう。明快で辛口の論評はお手の物だ。実際、グルーポンの記事から数週間のあいだに、「ラジャット・グプタはいかにマッキンゼーを破壊したか」「CNBCのニュースキャスターによる統計アドベンチャー」「外圧を寄せつけない傲慢なニューヨーク・タイムズ」と題した記事を執筆している。

しかし、私たちは不意打ちを食らった。サモンは数千語を費やして、グルーポノミクスには発展の可能性があると自分自身を納得させたのだ。自分の主張を支えるかのように、記事には極端な表現が並んでいた（傍点は著者）。

・マーケティングと広告の世界でほぼ前例がない。
・従来の似たような試みに比べて、ターゲティングの精度が桁外れに優れている。
・グルーポンの取引に参加することが、とてつもなく多くのかたちで……小売業者に恩恵をもたらす。
・フェイスブックなどのソーシャルネットワークで、良い評判がたちどころに広まる。

とはいえ、奇妙なくらい楽観的な形容詞の陰には客観的な分析もある。

グルーポンは二面性の市場を創出し、消費者と地元店を結びつける。消費者は少しでもカネを節約したくて、店は新しい顧客を獲得したい。両者の目的が満たされるかぎり、グルーポンには仲介手数料が入る。

サモンに言わせれば、グルーポンはデジタルで送信するクーポンにとどまらない。カギを握るのはパーソナライズだ。「人々がグルーポンをより多く利用するほど、より的確なターゲティングができる」。グルーポンは、利用者に提示するクーポンの妥当性を高めるアルゴリズムを導入している。このアルゴリズムの完成度を追求することが、企業の長期的な発展に欠かせないだろう。サモンはこの点を、「グルーポノミクス」の4カ月後に投稿した記事「グルーポンはどこへ?」で繰り返し強調している。そのころ業界関係者のあいだでは、グルーポンの収益性が低下しているという報道に懸念が広がっていた。

グルーポンはあなたにもメールを送っているだろう。半額近い値引きに、裏があると疑ったかもしれない。実際に何回かクーポンを買った人もいるだろう。ＩＰＯの際にグルーポン株を買おうと検討しただろうか。一方で、クーポンで倒産しかけた店もある。そろそろグルーポン株を空売りしたくなっただろうか。

グルーポンという怪獣を理解するために、ナンバーセンスの力を借りよう。

利益と損失の微妙な境界線

グルーポンのビジネスモデルの核心に迫ったフェリックス・サモンの記事「グルーポノミクス」は、その半分を費やして提携店の経験について議論している。その中心は、マンハッタンに住むサモンにとってご近所のジョルジオズ・オブ・グラマシーだ。彼は重要な問題を見抜いていた。クーポンが消費者にどれだけ人気があっても――実際に人気はあるのだが――提携店が大挙して逃げ出せばグルーポンの市場は破綻しかねないのだ。

熟練のコラムニストたちも、提携店の視点を見逃しがちだ。ニューヨーク・タイムズ紙のテクノロジー担当評論家として名高いデービッド・ポーグは、グルーポンを熱狂的に支持し、「目もくらむような」「興奮する」「唯一無二の」「セレンディピティ」など最上級の褒め言葉を並べている。「自分ではマーケティングをいっさい行わずに、一夜にして新しい顧客を獲得できる」提携店の完全勝利だ、とさえ書いている。レストランはタダで宣伝してもらって満席になるのだから、喜ばないはずがないというわけだ。

クーポンを発行する店は、どのように利益を上げるのか。議論の出発点となるケーススタディは、グルーポンがＩＰＯを前に各地で開いた投資家向けの説明会に登場したものだ。

ケンタッキー州ルイビルにあるレストラン「セビシェ」が、「60ドル相当の中南米料理とドリンクが25ドル」というクーポンを約８００枚発行した。来店してクーポンを利用した人の標準的な飲食代は１００ドル。60ドルをクーポンで、残り40ドルと税金、チップを自分で払う。店の取り分は40ドルと、後日グルーポンから12ドル50セントが入金される。客がクーポンの代金として前払いした25ドルは、店とグルーポンが折半する契約だ。合計で、店はディナー１人分につき52ドル50セントの収入になる。料理とサービスの原価33ドルを引いた粗利益は19ドル50セント。８００枚のクーポンがすべて利用されたら、粗利益は総額約１万５０００ドルになる。しかも、クーポンを使った客が再び来店する分は別計算だ。

一見すると、セビシェが「自分ではマーケティングをいっさい行わずに、一夜にして新しい顧客を獲得できる」という結論に飛びつきたくもなる。魔術師グルーポンが、タダで客を連れて来た！

しかし、このバラ色の数字をもう一度、考えてみよう。

■図表3-2 消えた利益

クーポンを利用した客からの粗利益は19ドル50セントだが、クーポンを使わずに食事をした客からは67ドル。差額はどこに？

	一般の利用客	クーポンの客	
会計金額	$100.00	$100.00	
コスト	–$33.00	–$33.00	
	–	–$47.50	← どこに消えた？
利益	$67.00	$19.50	

図表3-2は同じ数字を違う視点から見たものだ。クーポンを使わない普通の客が100ドル分の食事をすると、粗利益は67ドル。しかし、クーポンを使った客が100ドル分の食事をすると、粗利益は19ドル50セントしかない。差額の47ドル50セントはどこに消えたのか――12ドル50セントはグルーポンに、残り35ドルは客の懐に入るのだ。60ドル相当を25ドルで提供する、クーポンの意味はそれ以上でもそれ以下でもない。セビシェは67ドル稼げたはずなのに、その3分の1以下しか手にできない。グルーポンは提携店を勝者ともてはやすが、これでは敗者ではないか。

19ドル50セントもそれなりの利益かもしれないが、手にできたかもしれない67ドルと並ぶと、少なすぎる額に思える。この「手にできたかもしれない」ものを、統計学では「反事実」と呼ぶ。統計の基本的な概念のひとつだ。セビシェでクーポンを利用した客が、もしクーポンを使わずに食事をしていたら、店には67ドルの利益があった。しかし実際は19ドル50セントの儲けにしかならなかった。

グルーポンの「公式説明」は、店が実際に手にした金額（19ドル50セント）を実際のデータとして計算しているのだから、問題はないと思うかもしれない。しかし、単純な計算の裏に大胆な前提が隠れているとしたらどうだろう。すなわち、クーポンを利用する人は、クーポンがあるという理由だけでセビシェを訪れるという前提だ。ある夜に50人がクーポンを使って食事をした場合、クーポンが存在しなかったら50人分は空席のままだったという。これはありえないだろう。

セビシェは勝者なのか、敗者なのか。グルーポンの公式説明によると、提携店は明らかに勝者だ。しかし私の計算式では、クーポンが、セビシェの潜在的利益を客とグルーポンと提携店のあいだで三つに分割する。

現実はその中間にある。クーポンの購入者には、セビシェを一度も訪れたことがない新規の客と、普段から通っているが、お得なクーポンにあずかろうという客がいる。この「新規の客」と「クーポンを持った常連客」の比率が店の収益を決め、満足度を決める。

クーポンの常連客は47ドル50セントの損失を店に与えるが、新規の客の増分利益（この場合、クーポンによって増えた利益）19ドル50セントで埋め合わせることができる。クーポンの効果で常連客1人につき新規の客が最低2・5人来店すると、収支が釣り合う。言い換えれば、クーポン利用者の70％が新規の客でないと採算は取れない（大変なことではないか！）。

もちろん、800人がクーポンを利用して総額8万ドルの食事をすれば、店の儲けは約

1万5000ドル。しかも満席になる。わざわざ仮定の損失を憂う必要はないという反論もあるだろう。そこで、別の状況を考えてみよう。この800人のうち、新規の客とクーポンの常連客が400人ずつとする。もしセビシエがグルーポンと提携していなければ、粗利益は常連客400人から67ドルずつで計2万6800ドル（残りの400人はクーポンがなければ来店しないだろう）。差額の1万1800ドルをクーポンのせいで取り損なったとも言える。

このような経験は、疑うことを知らない店主を困惑させる。オレゴン州ノースポートランドでポージーズ・ベーカリー&カフェを経営するジェシー・バークは、13ドル相当の食事を6ドルで提供するクーポンの契約を結んだ。3カ月後、店は前よりにぎわっているように見えたが、相変わらず赤字を抱え、家賃と給料を払うために8000ドルをつぎ込んでいた。「うんざりするわ」と、バークは予想外の損失について語る。「売り上げが増えた後はとくに、もう何が何だか」

2 「もし○○だったら」

ビッグデータと聞いてまず思い浮かぶ業界は、オンラインマーケティングだ。eコマース（電子商取引）のサイトは1日24時間、週7日、驚異的な量のデータを生成する。サイトの運営者は画面に触れる指先やマウスの動きをすべて監視している。無名のユーザーの一日の行動がクレジットカードやデビットカードの情報として記録され、電子決済システムは名前と住所を確認する。オンラインのマーケティングと広告が従来のマーケティングと広告より計測しやすくなり、いっそう高度な説明責任が要求される理由は、ビッグデータだ。しかし、急成長するこの分野で、反事実的条件の検証に失敗することも少なくない。二つの例を見ていこう。

a　デル・コンピュータとツイッター効果

2009年、人気ビジネス誌ファスト・カンパニーが次のように伝えた。「疑い深い人々もこれで納得――日常生活を生中継するソーシャルネットのツイッターが、パソコン販売の巨人デルのもと、マーケティングのツールとして実力を発揮している」。IT業界の守旧派を代表するデルが、業界で最も活きのいい新星ツイッターに、あるマーケティング戦略を託したのだ。ツイッターは新しもの好きの人々をいち早く魅了し、傍観する人々を戸惑わせてきた。簡単に言えば、ツイッターは個人のテキストメッセージをネット上に配信する場だ。誰でも自由に他人のツイートをフォローでき、気に入ったメッセージを自分のフォロワーにリツイートする。仲間内の冗談をメールで転送するようなものだ。自分のアカウントにログインすると、フォローしている人のツイートがなだれ込んでくる。金曜日の夜に満席のレストランで、周囲の会話がすべて同時に聞こえるような感覚に襲われる。

消費者への直販事業を柱とするデルとしては、ぜひ彼らの会話に混じりたい。2007年にツイッターの公式アカウント（@DellOutlet）を取得してから2年間で、パソコンや周辺機器、ソフトウェアを合わせて650万ドル相当の売り上げを計上した。2009年からは、140万人を超えるフォロワーに12カ国の35拠点から特別セールの情報を発信している。ファスト・カンパニー誌によると、基本的な投資収益率（ROI）は次のような計算になる。

1人当たり年間平均6万5000ドル（諸経費を含む）の報酬で100人のライターを雇い、彼らが1日の20％をデルの宣伝ツイートに費やす場合、デルはツイッター経由のマーケティングに年間130万ドルを投資することになり、150％という見事な収益率を達成する[(6,500,000÷2−1,300,000)÷1,300,000]。100ドルの投資が150ドルの増分利益をもたらすのだ。

650万ドルの売り上げは、顧客の一連の行動をさかのぼるとひとつのツイートにたどり着く——クレジットカードの決済を承認する、売買条件に同意する、商品をバーチャルの買い物かごに入れる、販売サイトにアクセスする、そして、ツイート内のリンクをクリックする。すべての瞬間を100分の1秒単位で特定できる。650万ドルを1ドルずつ、100人のライターのうち誰のツイートから始まったかをたどることもできそうだ。顧客のクリックの履歴（クリックストリーム）は、オンラインマーケティングの世界の聖杯だ。これほど確実な成功の証が、ほかにあるだろうか。

ただし、ROIの数字には反事実的条件の検証が必要だ。もしデルのマーケティング部門がツイッターに見向きもしなかったら、650万ドル相当の売り上げはそっくり消えてしまうのだろうか。この条件を実際に試すことはできないが、推測は十分に可能だ。まず、デルのフォロワーは全員が、何らかの興味を持って自ら@DellOutletにアクセスしている。彼らの多くは新しいパソコンを探している購買客であり、高品質で適正な価格というデルの長年の評判を気に入っている人も含まれるだろう。また、お買い得な情報を求めていて、ツイートの情報の賞味期限が短いことも知っている。

このとき、デルがツイッターのアカウントを閉鎖したらどうなるだろうか。フォロワーの大半は、それでもデルのパソコンを買うかもしれない。ただし、そこにはツイッターに代わる情報がある。デルは彼ら顧客に、カタログやメール、小売店、製品の交換修理サービス、テレビCMなどでもさまざまな働きかけをしているのだ。したがって、ツイッターによるマーケティングで売り上げが650万ドル増えてROIは150%に達するという数字は、かなり誇張されている。ツイッターを介して購入した人のうち、ツイッターがなければデルを見放していたという人は、実際にどのくらいいるのだろうか。

統計学では、因果関係を認定する条件はかなり厳しい。デルのツイッター戦略は、クリックストリームに関連づけられるわずかな売り上げを増やしたにすぎない。ここで想像の世界、つまり反事実の世界を考えてみよう。こちらの世界では、デルはツイッターを使わない。マーケティング部門はさまざまな販促ルートを確立しており、そのひとつのツイッターが遮断されてもほかのルートは健在だ。顧客はカスタマーサービスに電話をかけ、あるいはデルのサイトに直接アクセスできる。

ツイッターの契約ライターはあくまでも、デルがツイッター以外の方法ではアクセスできなかった購入者を引き寄せることに対して、報酬が支払われるのだ。

反事実の世界を想像すると、クリックストリームが因果関係を示していないことは明白だ。クリックの履歴は購入という行為がなされた過程を明らかにするが、「どのようにして」購入したかと、「どうして」購入したかを混同してはいけない。

b 海賊版ソフトウェアの代償

IT関連の大手市場調査会社IDC（インターナショナル・データ・コーポレーション）は、想像の世界にもっと注意を払っていれば、恥をかかずに済んだだろう。業界団体のビジネスソフトウェア連合会（BSA）はIDCに、著作権侵害に関する年次報告書作成を依頼している。そのなかに、不正コピーによってソフトウェア業界がこうむる経済的損失の項目がある。IDCはさまざまな調査をもとに、新発売のソフトウェアが不正コピーされた数を推定し、そのソフトウェアの平均小売価格をかけて被害額を算出する。報告書は2009年まで、この「不正コピーによる損失」を「ライセンス認証されていないソフトウェアの商業的価値」と呼んでいた。

この言い換えは、反事実的検証の問題点を明らかにしている。IDCの最初の5年間の報告書に対し、ソフトウェアの実質的な需要が反映されていないという批判が出た。海賊版ソフトウェアを使っていると見られる人の大半は、もし海賊版が撲滅されたらそのソフトウェアを使わないだろう。

世界でも貧困な地域ではとくにそう考えられる。したがって、ライセンス認証されていないソフトウェアの商業的価値のすべてが、業界の直接の損害になるわけではない。無料は過剰消費を招く。私がかつてロンドンで訪れたアジア式ビュッフェのレストランは、「皿に残った麺1本につき1ポンド」という警告を掲げていた。

不正コピーの損害を正確に評価するためには、不正コピーができない世界を想像しなければならない。ある程度の推測は混じるが、この想像の世界を無視すると、きっと間違った結論にたどり着く。疑問を感じたら、「もしもの世界」を考えてみよう。

3　顧客セグメントを分析する

ポージーズ・ベーカリー＆カフェのジェシー・バークは、グルーポンとの契約がもたらした予想外の損失に愕然とした。大切な常連客のひとりが、期限を1日過ぎたクーポンを使いたいと差し出したのだ。バークは仕方なく断ったが、常連客は腹を立てた（バークが店のブログでグルーポンとの不運なゴタゴタの顚末を告白したあと、2人は仲直りをした）。

グルーポンをめぐっては、盛況の喜びを吹き飛ばすような出来事にもいくつか遭遇したが、バークは値引きキャンペーンが「たくさんの素敵なお客さん」を連れて来てくれたことを認める。ただし、いわゆる「平均的な」クーポン利用客は存在しなかった。

同じオレゴン州のポートランドにあるオイスターバー、アット・イートは、グルーポンにとって地域市場で最も成功した提携店のひとつだ。25ドル相当のシーフードを12ドルで食べられるクーポンが１５００枚売れて、その反響に開店から３カ月目のオーナーは圧倒された。

初めてのお客（その大半は二度と来なかった）に、正規料金を払う常連客が締め出されて、彼らの足が遠のいてしまった。給仕係はチップが減った。

忠実な常連客は嫌悪感と怒りを覚えたのだろう。飛行機に乗ったら、通路を隔てた席の搭乗客が、あなたの半額しか払っていないとばらしたときのように。

オレゴンのどちらの店も、２種類のクーポン利用者がいることを直観的に理解している。すなわち、「クーポンを利用する新規の客」と「クーポンを利用する常連客」だ。マーケティングではこれを顧客セグメントと呼ぶ。二つの顧客セグメントにはわかりやすい違いがひとつある。常連客はクーポンがなくても店に来るだろうが、新規の客はクーポンがなければ来ないことだ。先に説明したとおり、新規の客は、利幅は悲しいほど小さいけれど増分利益をもたらすのに対し、常連客は損失（正規料金との差）をもたらす。

二つの顧客セグメントには、もう少しわかりにくい違いもある。熟練のマーケティング担当者はこれらの要因にも注意して、販促の戦略を練る。新規の客はチップをけちったり、クーポンの額面

■図表3-3 提携店のグルーポノミクス

店の純収入は、クーポンで値引きした後の粗利益の合計。第3のグループ「クーポンを使えるのに使わない常連客」はクーポンがある場合（事実）もない場合（反事実）も同じ額の利益を計上するので、今回の計算には加えていない。

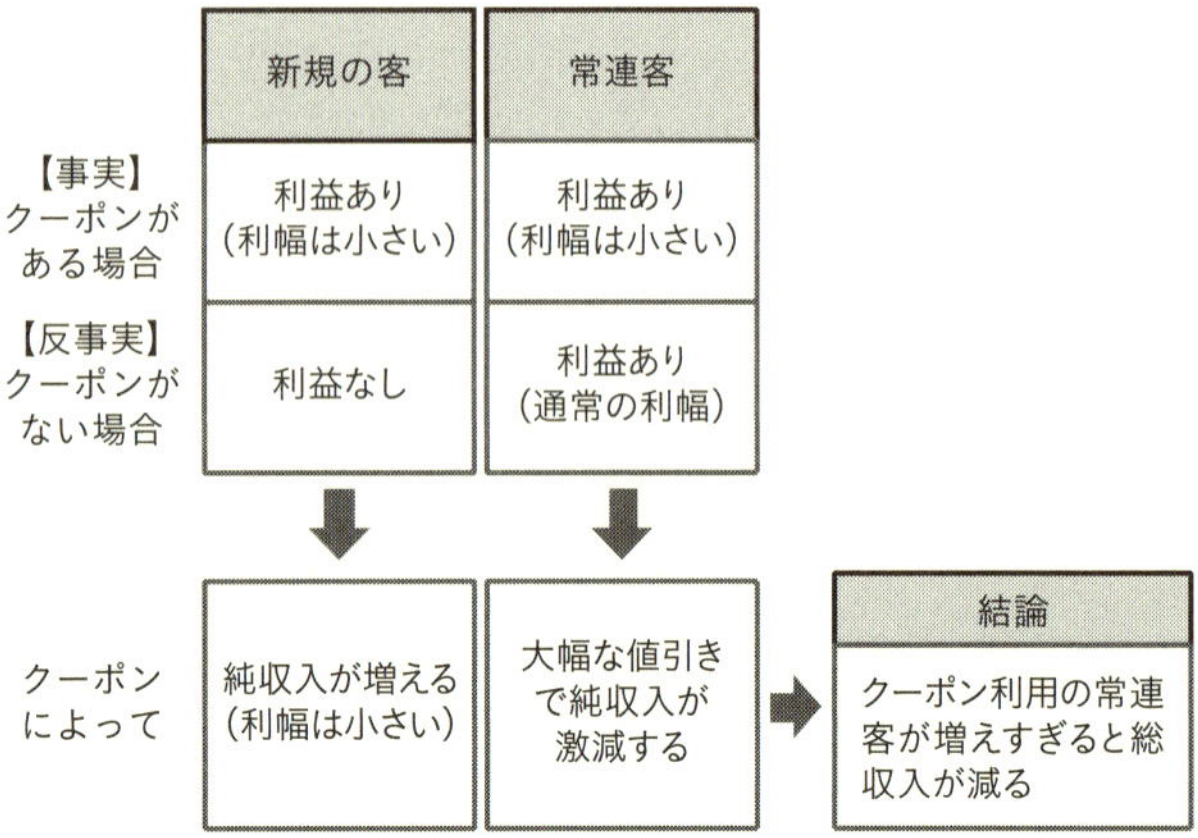

しか使わない場合もあるが、常連客はそのようなかたちで店の経営を圧迫することはあまりない。彼らは従業員とも顔なじみで、カネを払うべきところをわきまえている。新規の客は知らない店という気持ちから振る舞いが粗野になりがちで、大幅に値引きされた金額に対してチップを払ったり、同じクーポンを再び使おうとしたり、何枚もクーポンを出したりする。その店に二度と来ないつもりなら、ルール違反もいとわないだろう。

皮肉なことに、常連客のほうがクーポンを愛用する。「すでにその店の常連（客）なら、言うまでもなく、クーポンを買うことに躊躇しない」と、フェリックス・サモンも指摘している。ニューヨーク・タイムズのデービッド・ポーグは、自分も行きつ

■図表3-4 グルーポンの「公式説明」

マスコミが受け入れている公式説明は、クーポンを導入して売り上げが増えても利益が減るケースを無視している。

【事実】	結論
クーポンがある場合	新規の客がもたらす総収入は、コストを差し引いてもプラスになる

けの店でクーポンを使うと告白した。近所のイタリア料理店で20ドル相当の料理を10ドルで食べ、30ドル相当のドライクリーニングが15ドルで済み、バーンズ&ノーブルで20ドル分の買い物が10ドルになって満足したという。「どれも、クーポンがなくても買うものばかりだから」。グルーポンのクーポンは前払いなので、新規の客は衝動買いにならないかと考えるかもしれないが、常連客にとっては確実にお買い得だ。

平均的な新規の客は、クーポンを使った店を再び訪れる確率はかなり低い。それに対し常連客は、もともと「満足した顧客」であり、再び訪れて正規の値段を払ってもいいと思うだろう。とくに、ヨガ教室や美容院などのサービスは、新規の客は次に来店した場合の料金を知って驚きがちだ。ロンドンで清掃業スポットレス・オーガニックを経営するハンナ・ジャクソン=マトンべはBBCに次のように語っている。「(グルーポンの)お客さまの反響は、全体としてとても良い手応えよ。でも、オーブン掃除に20ポンド払って、普段は99ポンドだと言われたら、(正規料金では)頼まないでしょう。私も頼まないわ!」

提携店の「グルーポノミクス」は、反事実的検証と顧客セグメントの概念を組み合わせたモデルで説明できる（**図表3－3**）。これに対し、グルーポンの「公式説明」はあまりに単純化している（**図表3－4**）。

提携店としては、ネット回線がパンクするほどクーポンを発行して、できるだけ多く新規の客を獲得しつつ、忠実な常連客はクーポンの存在に気がつかないでほしいところだろう。もっとも、これらを両立させるのはかなり難しい。人工降雨機を購入して、特定の地点にだけ雨粒を降らせようとするようなものだ。そこでこの矛盾を解決してくれそうなのが、ターゲティングの技術だ。ターゲティングは、分類する仕組みとも言える。店が想定する顧客にターゲットを絞るアルゴリズムをグルーポンが開発できれば、店はクーポンで確実に利益をあげることができる。この話題は4章で詳しく説明する。

4　タダより高いものはない

グルーポンの提携店は、実際にはさまざまな経験をしている。私たちが知っていることの大半は、メディアが次々に報じた内容にすぎない。二度とグルーポンは使わないと断言する店もあれば、グルーポンが望みをすべて叶えてくれたと喜ぶ店もある。一連の批判に対し、グルーポンの不遜な創業者アンドリュー・メイソンは2011年8月に、従業員にはっぱをかけるメモを配布。「否定的な評価は、IPOを控えているわれわれにしてみれば、期待以上だったとなるから好都合だ」と豪語した。

しかし、提携店の利益を分析するトイ・モデル〔訳注：分析の基本となるシンプルな構造のモデル〕を思い出してほしい。クーポンの利益性は、新規の客と常連客という二つの顧客セグメントのバランスにかかっている。適切なバランスになる店は採算が取れるが、グルーポンがすべての店に幸せをもたらすわけではない。モデルの条件を変えながら比較すると、どのような場合に誰がいちばん得をするかが見えやすくなる。

開業したばかりなどで常連客が少ない店は、勝ち組になる確率が高い。クーポンを利用する常連客によって失う利益は少なく、大半が新規の客だ。ボストンでスコティッシュ・パブ「ザ・ヘイブン」を経営するジェイソン・ワドルトンは２０１１年３月に、新しく始めたランチとブランチを宣伝するためにグルーポンを使って大成功を収めた。半額のクーポンが１３００枚売れた。60席の店内は大盛況で、ワドルトンは押し寄せる客を「史上最高に混雑しているブランチにようこそ！」と出迎えた。

クーポン後のリピーターを見込める店は、さらに成功する確率が高い。顧客セグメントと反事実を組み合わせたモデルに、「顧客生涯価値（ひとりの顧客が将来にわたってもたらす損益）」の項目を加えると、さらに詳しい計算ができる。クーポンを利用した新規の客がその後も来店する場合、普通は正規料金を払う。たとえば、セビシェでクーポンを利用した新規の客のうち、３分の１が１年以内に再び店を訪れたとする。彼らが１年間に２回、正規の料金を払うと、新規の客として19ドル50

セントの増分利益のほかに、44ドル70セント（粗利益67ドルを2回）の利益を見込めるのだ。この場合、新規の客1人で、クーポン利用の常連客1・4人分の損失を埋め合わせる計算になる。それでもまだ、クーポン利用者10人につき4人が新規の客でなければ、店は立ち行かなくなるだろう。

店によってはとてつもない目標だ。USトイ・カンパニーのカンザスシティ店は20ドル相当の商品を5ドルで買えるクーポンを発行したところ、クーポン利用者の90％が既存の客で、償還額の4分の3に相当する損失を計上した。さらに、新規の客は大幅な値引きで安いというイメージが刷り込まれたらしく、次に来店したら定価を払うということへの衝撃が大きかった。

そこで、再来店を期待するのではなく、1回目の売り上げを大幅に増やすという方法もある。たとえば、セビシェのクーポンは額面60ドル。追加でワインを1本注文してもらえば店は満足だろう。あるマッサージ店は、値引き分の50ドルには11ドル相当のオプションが含まれているが、追加で10ドルを払うとオプションを増やせると客に説明する。セビシェの請求額は1人平均100ドル。客にとって40ドルの予算超過だ。この超過分は景気によって増減する。

しかし、レストランで思わぬ散財をすることはありがちだが、10回分のレッスンを2回分の料金で提供するヨガ教室は、予定外の売り上げを計上するのは難しいかもしれない。クーポン利用客の多くが常連客の場合はなおさらだ。USトイ・カンパニーの3代目オーナーのジョナサン・フライデンはウォール・ストリート・ジャーナル紙に、クーポンを利用した2000人の大半が「平均的な客単価を下回った」と語っている。「ただただ悲しかった」。店にとってそのような工夫が物理的に難しい場合もある。スポットレス・オーガニックのジャクソン＝マトンベは、「（クーポンの利用客が）殺到して、高額な商品をすすめる余裕もなかった」という。

クーポンの額面を超える売り上げは、顧客から見れば、値引きされなかった金額になる。セビシェは60ドル相当の料理が25ドルになるクーポンを発行して、58％の値引きと宣伝した。ところが、実際に１００ドル分の食事をして40ドルを追加で払ったら、１００ドル相当を65ドルで食べたことになり、正味35％の値引きだ。賢明な客ならすぐに気づくだろう。

粗利益率が高ければ、クーポンに伴う損失を吸収できるという指摘もある。しかし、提携店の利益を分析したモデルでは、そうはならない。セビシェの粗利益率を67％から85％に引き上げても、クーポン利用の常連客が１人につき47ドル50セントの損失をもたらすことに変わりはない。そして反事実の世界では、常連客がクーポンを使わなければ85ドルの粗利益をもたらす。そもそも、クーポンを発行する前から収益性がずば抜けて高い企業は、グルーポンがなくても収益性は高いままだろう。粗利益率がいくら高くても、グルーポンに食われれば、少しは圧縮されるはずだ。

ところで、クーポンの交換率が低いほど、店にとっては発行しやすいのだろうか。サービスや商品の対価を前払いしたが、サービスなどが利用されなかった場合、払い込み済みの利益として計上できる。グルーポンは、この退却益がクーポンを販売するグルーポンに入る仕組みだ。ただし、グルーポンのクーポン購入は前払い制なので交換率はかなり高く、基本的に70％を超える。それに対し、新聞広告から切り取って使うシリアルの割引券は交換率が１％にも届かない。とはいえ、消費者の物忘れに頼る商売は悲しすぎる。クーポンを使うことを忘れる人が、クーポンを買いつづけるとも思えない。

分析の基本となるトイ・モデルがあれば、さまざまな条件を試しやすくなる。クーポンの額面を超える支出が少ない場合、交換率が高い場合、利益率が高い場合、リピーターの客が少ない場合など、条件を変えて検証できる。

データ分析では、まずトイ・モデルを構築する。そして、モデルの世界観が現実の経験をどのくらい忠実に反映しているかを確認する。馴染まないところがあれば、詳細な要素を加えながらモデルを修正する。

グルーポン方式の販促は、新規の客と常連客のバランスをうまく取れる店にとっては意味がある。ただし、ひとつ確かなことがある。グルーポンは無料の宣伝ではないのだ。常連客を無視するなら——苦労して稼いだ利益の一部を、目立ちたがりのIT企業と割引が大好きな常連客に差し出しても構わないなら、無料の宣伝と言えるかもしれない。

私が思うに、グルーポンはレストラン・ウィークのようにニッチな市場では生き延びるだろう。レストラン・ウィークは、ニューヨークをはじめ全米の人気エリアで開催されるイベントで、参加店が統一価格でメニューを提供する。顔ぶれは大きく分けて二つ。忠実な常連客が少ない新しめの店は、失うものもほとんどなく、値段に対してかなりお得なメニューを用意する。一方で、オフシーズンに格安価格でテーブルを埋めるための宣伝として参加する一流店もある。どちらの店も定価以下で特別メニューを提供し、1回限りの客から利益をあげて、リピーターは期待しない。

4

クーポンのパーソナライズは店舗や消費者の役に立つか?

きょうは仕事でくたくただ。午後6時5分、コートを着てオフィスを出ようとしたとき、ブラックベリーが鳴った。上司からだ——明朝、報告書を提出してくれ。トライベッカの友人の家でポーカーを楽しみながら、親指でメールを打っている姿が目に浮かぶ。あなたも今夜は予定がある。すぐ先の寿司屋で妻と食事をする約束だ。自宅に電話をかけようか。いや、その前に妻の怒りを鎮めるものを探さなくては。

あなたは新聞をめくる。今夜はシネマ・ビレッジで何を上映していたかな。あった！　ちょうどいい！　パプアニューギニアのサーファーのドキュメンタリー『スプリンターズ』だ。電話をかける前に予行演習をする。謝って、食事をキャンセルして、レイトショーに誘う。男ばかりの世界に挑戦する姉妹が主人公で、評判も高いんだ。きっときみも気に入るよ……。寿司が映画になったのは、ワインに顔を赤らめている上司のせいだけではない。実は、グルーポンからシネマ・ビレッジの半額クーポンが届いたのだ。思いがけない助け舟だ。あなたは「購入」ボタンをクリックしてから、祈るような気持ちで自宅に電話をかける——。

これはマーケティング担当者にとって理想のシナリオだ。適切な人に、適切なタイミングで、適切な働きかけをする。マーケティングを成功させる三大原則だ。最近の「パーソナライズ」はほとんど神業で、あなたに直接、話しかけてくるかのようだ。マーケティングには、関連性のある内容なら、人々は広告や販促を嫌わないという前提がある。グルーポンは、メールアドレスの巨大なデータベースが会社になったようなものだ。ロイターのフェリックス・サモンをはじめとする擁護派によれば、彼らはスタートアップの成功に欠かせないターゲティングのアルゴリズムを使っている。どのくらい賢いアルゴリズムなのだろうか。

｜　的外れのクーポン・メール

デジタルマーケティング業界のベテラン、オーガスティン・フォーは、グルーポンから届いたメールを私に見せてくれた。２０１０年12月１日から２０１１年６月30日までの半年間で、クーポンのお知らせが７７６通。初めは１日１通だったが、２０１１年４月以降は１日６通に増え、ひとつのクーポンが、それだけを特集したメールと、ほかに４枚のクーポンが並ぶメールで重複するときもあった。割引される商品やサービスはあらゆる分野にまたがる。出会い系サイトのスピードＮＹＣデーティング、ラフィング・ブッダ・ヨガセンター、ブルックリン映画祭、歯科医院のニコラス・トスカーノＤＤＳ、グッドフエローズ・ピザのスタテン島店。ドライフルーツとナッツを販売するナットボックスはニューヨークじゅうに支店がある。最も多いのはレストランのクーポンで(１２４枚)、スパとサロン(85枚)、フィットネス(73枚)、美容関係(48枚)と続く。ジュエリー店(１枚)、出会い系サービス(２枚)、ペット関連(３枚)は数えるほどだ。

私はフォーに、関心の強さを分野別に５段階で採点してもらった(１＝最も関心がある、２＝どちらかというと関心がある、３＝どちらでもない、４＝基本的に関心がない、５＝まったく関心がない)。結果

■図表4-1 グルーポンの提案とフォーの関心

2010年12月1日〜2011年6月30日にグルーポンがオーガスティン・フォーに送信したクーポンのうち、彼が「最も関心がある」「どちらかというと関心がある」と評価したカテゴリーのものはわずか34％だった。

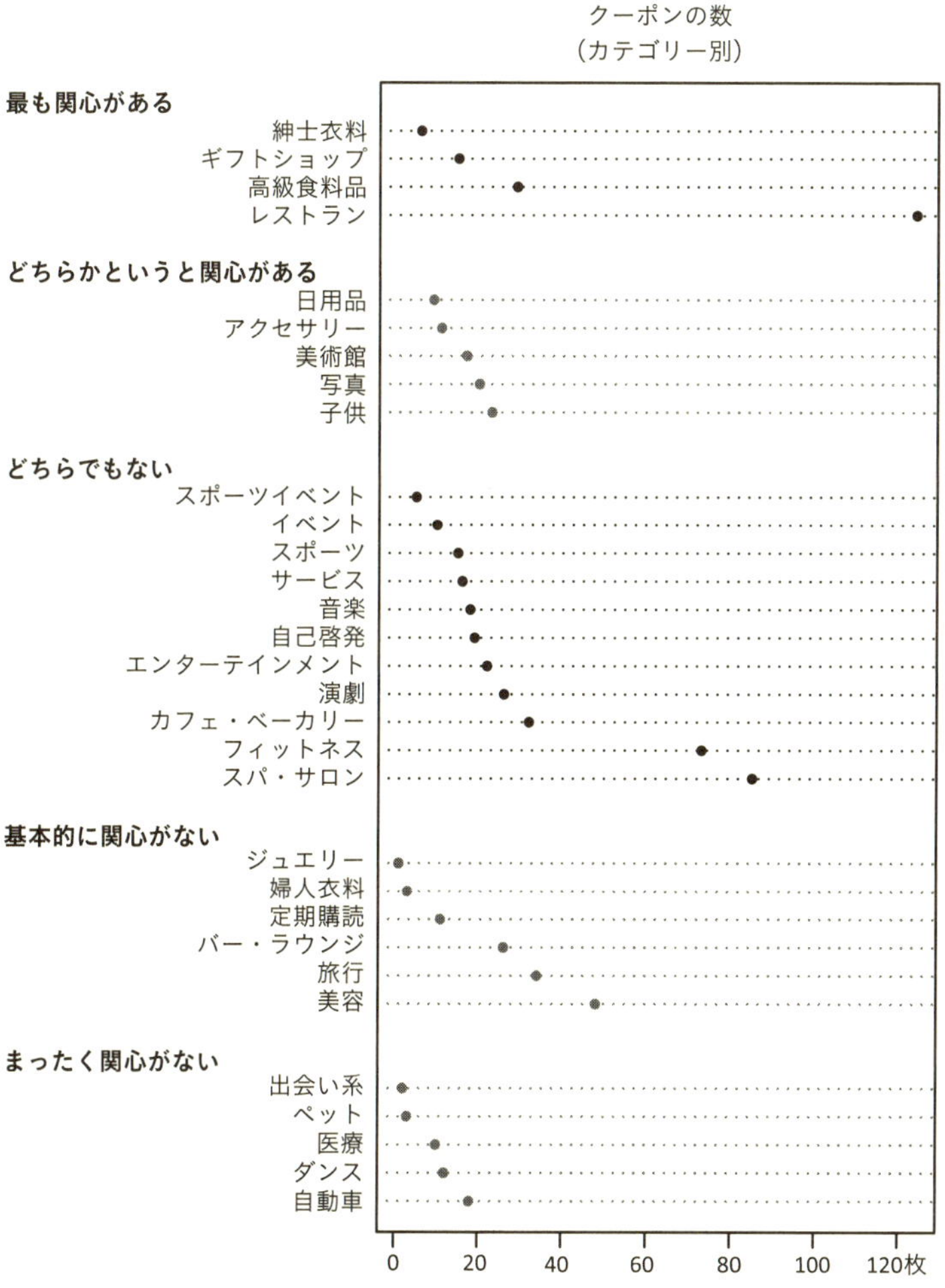

■図表4-2 クーポンの種類の動向

フォーが最も関心のあるカテゴリー（レストランを含む）のクーポンは、しだいに割合が減っている。バーとラウンジにはほとんど関心がないが、クーポンの枚数は相対的に増えていった。

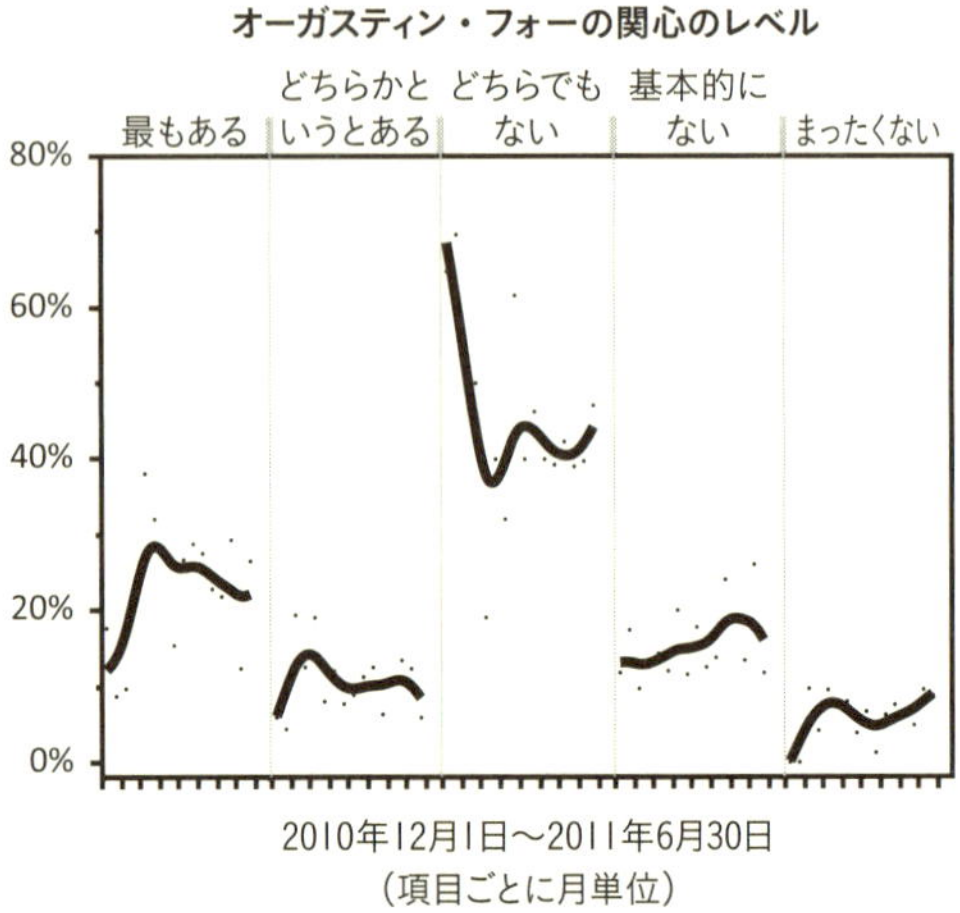

は、レストラン、高級食料品店、ギフトショップ、紳士衣料が1。一方で、フォーは既婚者でペットはおらず、マンハッタンでは車を運転せず、かかりつけの医者を変えるつもりはなく、ダンスは好きではないから、これらの分野は5。メールは開封さえしない。

グルーポンのターゲティングの技術が宣伝どおり賢ければ、フォーは食に興味があり、洋服（紳士服の定番アイテムが多い）とギフトの店をのぞくことが多いと知っているはずだ。また、病院やダンス教室、ペットショップ、出会い系サイトのクーポンを彼には送らないはずではないか。

はたして**図表4-1**を見てわかるとおり、フォーの関心とグルーポンの働きかけが明らかに一致する分野はレストランだけだ。レストランは、グルーポンが取り扱うクーポン全体の約4分の1を占める。フォーにグルーポンから届くクーポンは、全体の16%が外食関係だ。ターゲティングの精度として特別に高くはない。レストランの次にフォーがよく受け取るクーポンは、スパ、サロン、フィットネスクラブで、いずれも関心があるかどうかは微妙なところ。その次に多いのは美容と旅行で、これらの分野を彼は完全に無視している。関心の強さが1か2だった分野のクーポンは、届いたすべてのクーポンの34%にすぎなかった。

ターゲティングの仕組みは回数を重ねて改良されるものだと、私たちは思っている。おそらくグルーポンのコンピュータも、半年のあいだに手がかりを集めながら、クーポンの精度を改良しているだろう、と。しかし残念ながら、**図表4-2**のとおり学習の効果はほとんど見られない。それどころか、食に関するクーポンが減って、美容、旅、バーとラウンジなど、フォーが最も関心のない分野（いずれも関心の度合いは4か5）の割合が増えている。

フォーの受信箱にあふれるグルーポンからのメールの大半が、彼とは関連性が薄い。無能ぶりを自ら証明しているようだ。この明らかな失敗を、グルーポンの投資家は憂慮すべきなのだろうか。

2 失敗の喜び

私はグルーポンに恨みがあって、フォーの経験を紹介したわけではない。ターゲティングのモデルの構築を仕事にしている統計学者に聞けば、フォーは典型的なケースであり、想定内だと答えるだろう。あなたもグルーポンから届いたメールを調べてみれば、自分の好き嫌いを彼らが予測できていないことがわかる。

打撃の神様とも呼ばれる伝説のメジャーリーガー、テッド・ウィリアムズはかつて、野球は「10回のうち3回成功すれば、優秀な選手と見なされる努力の世界だ」と言ったという。人間の行動の予測に挑む勇敢な統計学者も、似たような確率の世界で努力している。統計学者が野球のデータに魅了され、セイバーメトリクスという学問まで誕生したのも不思議ではない。ブラッド・ピット主演の映画（『マネーボール』）がヒットし、マサチューセッツ工科大学（ＭＩＴ）で毎年開催される会議は熱心な専門家でにぎわう。

しかし、ターゲティングのモデルが30％程度の確率でも「成功」と言えるのだろうか。そこで、グルーポンの決算資料からターゲティングの効率を計算してみよう。２０１１年の第３四半期に、同社は３３００万枚のクーポンを販売した。巨大なデータベースは1億３０００万件のメールアドレスを管理している。グルーポンの会員は月に30通のメールを受け取り、1通につき5枚のクーポンが提示されている。つまり、第3四半期の3カ月間で約５８０億枚のクーポンを提示したことになる。５８０億枚のうち３３００万枚が売れたので、顧客反応率（レスポンス率）は０・０６％。1万枚を提示して6枚、売れたことになる。裏を返せば、1万枚のうち９９９４枚は失敗したのだ！

ターゲティングは、メジャーリーグの打席よりはるか厳しい世界だ。送信したメールの数ではなく、グルーポンのサイトを訪問した人数に対する比率を計算すると、「打率」はさらに下がる。

ターゲティング技術の中身はさておき、2011年ごろの顧客反応率は0・06%だった。ロイターのフェリックス・サモンを含む多くの業界関係者は、グルーポンが破格の株価の正当性を証明するために、ターゲティング技術の向上に多額の投資をすると考えていた（上場初日の株価は保険大手のエトナを上回った。年間収益が340億ドルを超え、3500万人の医療に貢献している大企業だ）。たとえば、顧客反応率を100倍にする優秀なアルゴリズムを開発したとしよう。顧客反応率が6%の場合、クーポンを100枚提示して6枚売れる。100回挑戦して94回は失敗しても、マーケティング担当者としては胸を張れる実績だ。これほどの驚異的な命中率を達成するためには相当の犠牲も必要だが、その点はあとで説明する。ここではターゲティングの技術が起こす魔法をもう少し詳しく見ていこう。

3 プラダを着た悪魔の推理

2000年代前半からMTVで放映されたリアリティ番組「ルーム・レイダーズ」は、ティーンエイジャーの汚れた洗濯物や下着をさらけ出すことで悪名高かった。3人の若者がデートの権利を争うのだが、彼らは恋人候補に変わった方法でアピールしなければならない。普段生活している部屋やクロゼット、持ち物を見せて、審査してもらうのだ。恋人候補は、3人と実際に会う前に、部屋を引っかき回して相手の特徴や習慣、好みなどを推測する。罪深い愉しみに飢えている視聴者を見透かした番組だが、それだけではない。この番組を見ていると、ターゲティングの装置が雑多な手がかりをかき集め、選り分けながら、会ったこともない人の傾向を分析した結果を吐き出す姿が目に浮かぶ。

ここに「ミランダ・プリーストリー」という名前のターゲティング装置があるとしよう。2006年に大ヒットした映画『プラダを着た悪魔』に登場するファッション誌の女帝にちなんで名づけた。業界を知り尽したミランダは、数十年分のあらゆる流行やブームを記憶していて、クライアントにふさわしい完ぺきなコーディネートをはじき出す。さて、私たちはミランダを連れて、マンハッタンの一等地にあるパトリック・ベイトマンの自宅を訪ねた。ベイトマンはブレット・イーストン・エリスの小説『アメリカン・サイコ』の主人公だ。投資会社に勤める独身エリートで、ファッションにはかなりうるさい。ミランダは数秒で彼のこだわりを見抜き、アルマーニのスーツ、フェラガモの靴、オリバーピープルズのサングラスを選んだ。

次に訪れたのは、イメルダ・マルコス夫人が所有していた1000足以上の靴が並ぶ博物館。1986年にフィリピン大統領の座を追われた夫とともに亡命した際、宮殿に残してきた靴だ。ミランダはひとめで、イメルダが靴に注いだ愛を感じた。デパートのどの売り場の常連だったのかは、簡単に推測できる。デザインや色、ブランドの好みは少し厄介だが、展示されている靴を詳細に観察しながら彼女の好みをたどった。

アップルの故スティーブ・ジョブズにミランダがすすめるのは、もちろん黒のTシャツだ。『花様年華』でマギー・チャンが演じたチャン夫人にはチャイナドレスを。では、テイラー・ニティオレックスにはどのような服が似合うだろうか。

テイラー……？　私たちはテイラーに会ったことがない。彼（彼女かもしれない）の住所も知らない。手がかりは何もなかった。テイラーがホリスターのパーカーを買うのか、ヴェラ・ウォンの黒いイブニングドレスを買うのか、予測しようにもお手上げだ。そこで、紳士衣料や婦人衣料、靴、アクセサリーなどもっと大きな分類のうち、テイラーがどれを好むかを推測するほうが賢明だろう。選択式の試験問題で学生が運を天に任せるように、ミランダも当てずっぽうで選ぶこともできる。テイラー・ニティオレックスはファッションにまったく興味がないという可能性を考えれば、たとえば七つの分類から一つを選ぶと、純粋な運だけでも7分の1の確率で正解することになる。

ただし、ミランダは運を天に任せるような女性ではない。有名ファッション誌の編集長として、市場の売り上げを複数のデパートが均等に分け合うことなどありえないと知っている。女性のファッション市場は男性の2倍近い大きさだ。そこでミランダは、テイラーが婦人服を買うと予想した。彼女の直感のほうが、無作為な予想より当たる確率は高そうだ。続いて、ミランダは平均の法則を使った。ファーストネームのデータベースを検索すると、「テイラー」と命名された新生児の4人に3人が女の子だ。テイラーは「平均的な」顧客から「平均的な」女性になった。

実際に平均的な振る舞いをする人はまずいないから、ミランダの推測が当たる確率はまだ低い。

情報がもっとあれば役に立つだろう。たとえば、テイラーが33歳の独身女性で、マンハッタンのダウンタウンで賃貸アパートに住んでいるとしたら、「マンハッタンのダウンタウンで賃貸アパートに住んでいる33歳独身の平均的な女性」と考えることができる。この顧客セグメントや彼女たちのファッションセンスは、ミランダにはお馴染みだ。このように消費者のひとりひとりを「似たようなグループ」に分け、そのグループの「平均的な人」と捉える戦略もある。ターゲティングの技術はどれも、似たようなグループを突き止められるかどうかに一喜一憂する。

たとえば、ギャップがジーンズの新しいラインを立ち上げ、特別な招待状を送ることになったとしよう。彼らはミランダに、膨大な顧客リストから最も魅力的な顧客、つまり特別クーポンを喜んで受け取りそうな人を厳選してほしいと依頼した。ミランダは顧客とギャップの関係などを示すデータをもとに、0点（関心なし）～1点（最も関心がある）でひとりずつ点数をつけた。似たような点数の顧客は、似たような顧客セグメントに属していると見なす。人間をひとりひとり数字に置き換えていくわけだが、「大量生産された平均的な人」は現実には存在しない。

ミランダがパトリック・ベイトマンをコーディネートするときは、テイラー・ニティオレックスのときよりはるかに自信にあふれていた。彼が過去に買ったものを直接観察して、単純な性格だと推測することもできた。しかしテイラーは謎だらけだ。そしてオーガスティン・フォーも、グルーポンのターゲティングの達人にとって謎だらけだ。フォーはクーポンを数枚しか買ったことがなく、グルーポンは創業からまだ数年だ。顧客反応率を考えると、グルーポンはフォーだけでなく大半の顧客のことをほとんど知らず、彼らは的外れなクーポンを受け取ることが多い。

4 ターゲットはどこに

グルーポンから届くクーポンのうち、最も多いのは的外れなクーポンだ。0・06％は絶望的なヒット率に思えるかもしれない。しかし、グルーポンがターゲティング戦略を放棄したらどうなるだろうか。顧客の好き嫌いを無視して、無作為に選んだメールアドレスにクーポンを送ったら、1万枚のうち3枚しか売れないかもしれない。ヒット率を0・03％から0・06％へと倍増させるところに、ターゲティングの威力がある。送信したクーポンの大多数は失敗に終わったとしても、100％増しの実績は胸を張れる。

3章に登場したルイビルのレストラン、セビシエは、2010年2月にグルーポンでクーポンを発行した。グルーポンはルイビル地域に20万人の会員がいて、そのうち6・5％（1万3000人）がセビシエのクーポンを宣伝するメールを受け取り、うち6・2％（800人）が実際に購入した。ここで、グルーポンが自社の巨大なデータベースから無作為に1万3000人を抽出したと仮定すると、6・2％は顧客反応率の平均と考えられる。もし全会員20万人にメールを出していれば、クーポンの売り上げは1万2400枚に達したはずだ（20万枚の6・2％）。メールの送信先を1万3000人に絞り込んだために、潜在的なビジネスチャンスの6・5％しか手にできなかった

■図表4-3 パターン1：無作為に抽出する

膨大な数のメールアドレスを管理するデータベースから1万3000人を無作為に抽出。顧客反応率（800／13000=6.2%）はメールを送信しなかった人についても同じ（11600／187000）。

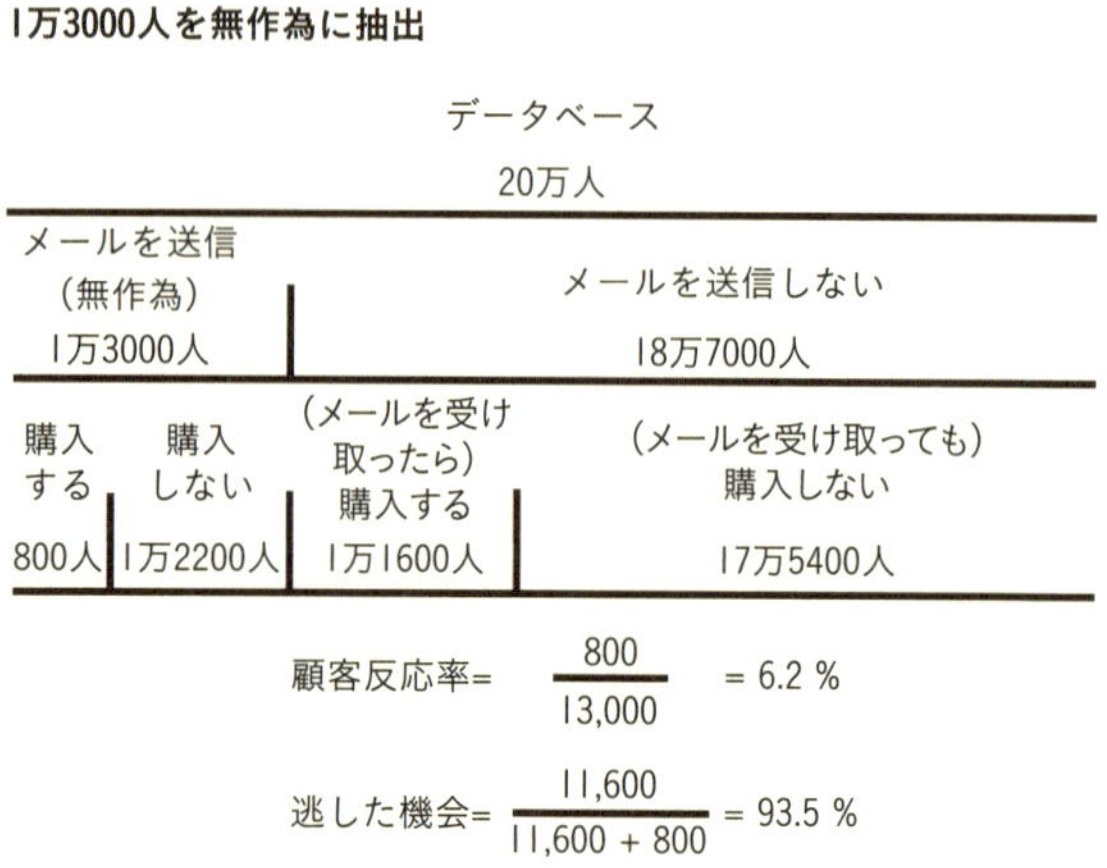

（800／1万2400）。

この計算は、ターゲティングのモデルを統計的に評価する手法をもとにしている。

ここから重要な点が二つ見えてくる。無作為に抽出した1万3000人に働きかける戦略は、メールを受け取っても購入しない1万2200人（間違った陽性反応）にも送信する一方で、メールを受け取ったら購入する1万1600人（間違った陰性反応）を取りこぼしているのだ**（図表4-3）**。

ここで、ターゲティングを導入すると有効性が無作為抽出の3倍になると仮定する。ターゲティングで抽出した6・5%（1万3000人）の会員に働きかけると、顧客反応率は18・5%（6・2%の約3倍）でクーポンは2400枚売れる。ターゲティングのモデルの能力をこの水準まで引

■図表4-4 パターン2：ターゲティングで抽出

ターゲティングのモデルを使って1万3000人を抽出。顧客反応率（2400／13000＝18.5％）は平均的な顧客反応率（6.2％　図表4-3より）の約3倍。

1万3000人をターゲティングにより抽出

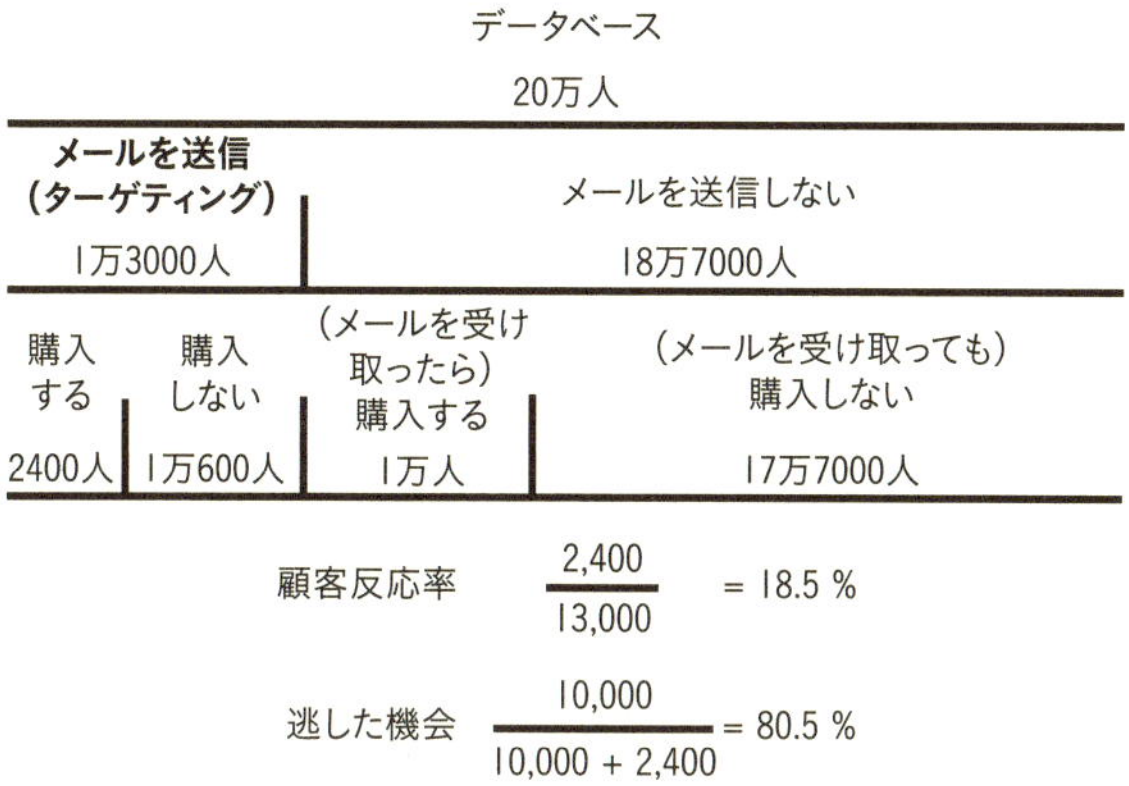

き上げるのは奇跡に近いが、マーケティングとしては成功と言える数字でも、潜在的な機会の80・5％を取りこぼしている（**図表4-4**）。

この「逃した機会」をすくい上げるために、ターゲットの網を広げることもできる。たとえば、メールの送信先を２倍の２万６０００人（20万人の13％）に増やす。これだけでクーポンの売り上げは少なくとも１６００枚（１万２４００枚の13％）を見込める。さらに、優秀なターゲティング戦略のおかげで売り上げがたとえば10％増しになり、１２４０枚が上積みされるかもしれない。クーポンの売り上げは計２８４０枚。潜在的な機会を含めた販売可能枚数（１万２４００枚）の23％に相当する（**図表4-5**）。

■図表4-5 パターン3：ターゲティングで抽出（2倍）

ターゲティングのモデルを使って2万6000人を抽出。送信するメールの数を増やすとクーポンの販売枚数は増えるが（2400枚から2840枚に）、収穫逓減の法則により顧客反応率は下がる（2840／26000＝10.9％）。

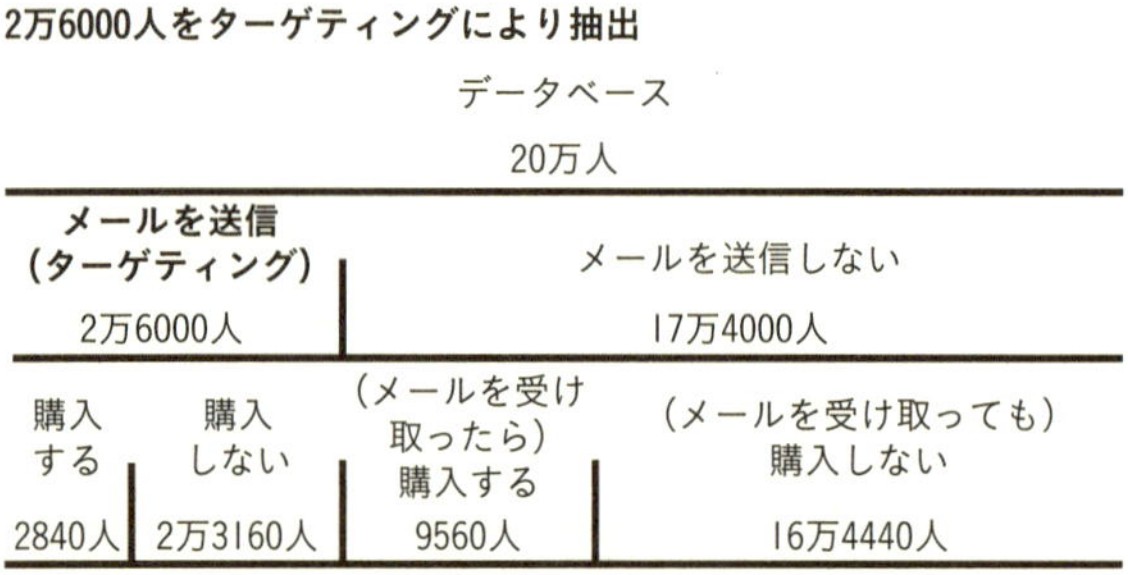

データベース

20万人	
メールを送信（ターゲティング） 2万6000人	メールを送信しない 17万4000人
購入する 2840人 / 購入しない 2万3160人	（メールを受け取ったら）購入する 9560人 / （メールを受け取っても）購入しない 16万4440人

$$\text{顧客反応率} = \frac{2{,}840}{26{,}000} = 10.9\ \%$$

$$\text{逃した機会} = \frac{9{,}560}{9{,}560 + 2{,}840} = 77\ \%$$

送信するメールの数を２倍にしても売り上げが２倍にならないのは、「収穫逓減の法則」が働くからだ。クーポンを購入する可能性は、顧客の購買行動を予測するモデルが機能していれば、最初の１万３０００人のほうが後から増えた１万３０００人より高い。

ただし、メールの数を２倍にする作戦は諸刃の剣でもある。間違った陰性反応（メールを受け取ったら購入するが、メールを受け取らなかった人）は減るが、間違った陽性反応（メールを受け取っても購入しないが、メールを受け取った人）は増えるのだ。レストランのセビシェの例では、間違った陽性反応は１万６００人から２万３１６０人に増える。この２種類の間違いの「相殺」〔訳注：間違った陽性反応が少ないほど間違った陰性反応が多く、間違った陰性反応が少ないほど間違った陽性反応が多くなる」が、嘘発見器や、テロリストをあぶり出すアルゴリズム、ドーピング検査を悩ませることについては、前著『ヤバい統計学』で説明したとおりだ。

前著の第4章をもとに解釈すると、グルーポンの戦略は次のようになる。

クーポンの販売元として、間違った陰性反応は最小限に抑えたいが、間違った陽性反応はやむを得ないと考える。手にできたはずの売り上げを逃せば会社の収益に直接響くが、間違った陽性反応は数人の会員を怒らせるだけで済む。

もっとも、グルーポンの会員は基本的に、毎日メールが届くことに合意している。ニューヨーク・タイムズ紙の評論家デービッド・ポーグのように「目もくらむような」「興奮する」「唯一無二の」「セレンディピティ」なクーポン生活を楽しみたいのだから、グルーポンは自社の利益を最優先させ、メールの数をどんどん増やしていいはずだ。皮肉なことに、ターゲットの範囲を広げるほど、ターゲティングは必要なくなるのだから。

5　新規の客を獲得せよ

ターゲティングは、対象となる条件を限定し、働きかけをするべき顧客を絞り込む作業だ。クーポンを購入する可能性が低い人を除外することによって、統計モデル上は顧客反応率が高くなる。ただし、反応率が高ければ売り上げの数字が増えるとはかぎらない。10万件のメールを送信して1万枚のクーポンが売れていたが、アルゴリズムを刷新したら5万件のメールで8000枚売れたとする。ヒット率は10%から16%に上昇したが、クーポンの売り上げは2000枚減っているのだ。統計モデルの勝利は、営業努力の敗北となる。クーポンの額面の約半分がグルーポンの取り分となるから、逃した機会は高くつく。ターゲティング戦略で墓穴を掘っているようなものだ。グルーポンがやみくもにメールを送信したくなるのをなだめ、ターゲティングの効果を納得させるには、別の動機が必要になる。

そのカギを握るのが、3章で説明した「グルーポノミクス」を理解している提携店だ。つまり、「クーポンを利用する新規の客」がもたらす増分利益と、「クーポンを利用する常連客」がもたらす損失のバランスを取ることの重要性を理解したうえで、クーポンを発行する店だ。

あなたは小さなピザ店を経営しているとしよう。常連のピーターは毎週木曜日、バスケットボール教室に息子を迎えに行った帰りに来店する。デービッドは店の隣のブロックにあるジムのインス

■図表4-6 ターゲティングの「標的」の違い

ⓐ グルーポンは自社の利益を最大限にするために、クーポンを最も買いそうな顧客に働きかけをするが、この顧客セグメントにはクーポンを利用したい常連客が多く含まれる可能性が高い。
ⓑ 提携店はクーポンの収益性を最大限にするために、新規の顧客セグメントにターゲットを絞りたい。

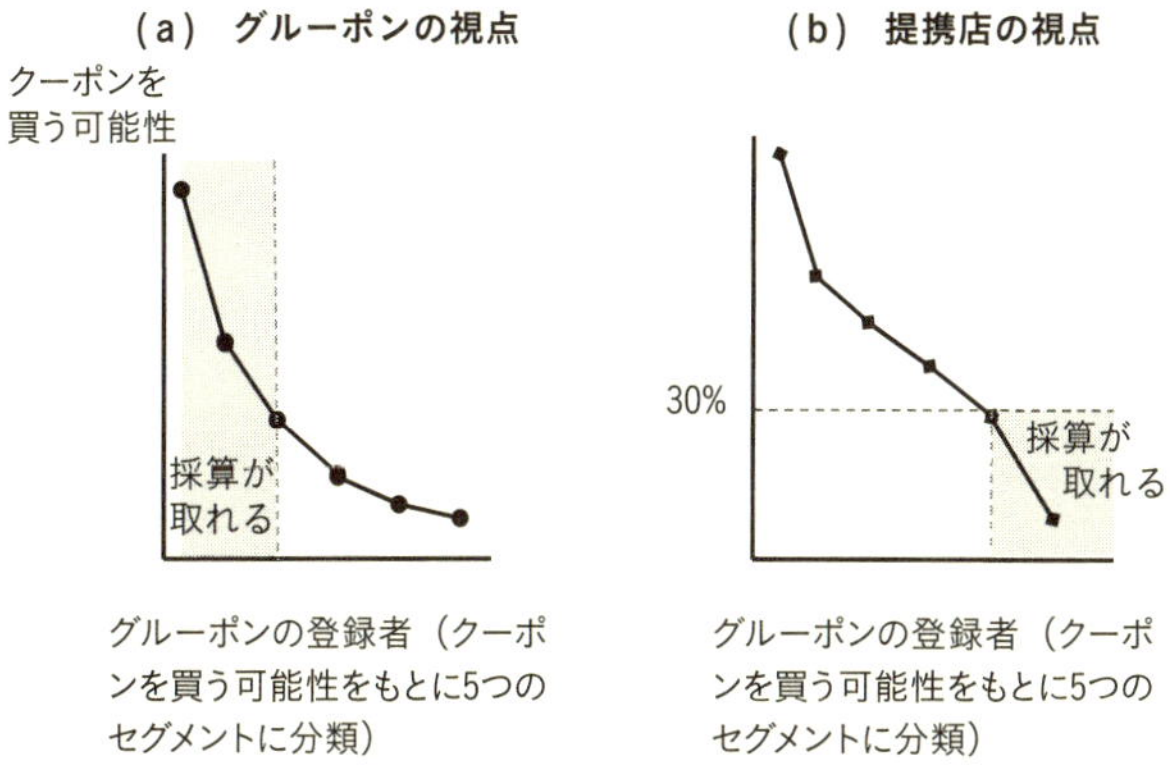

トラクターで、自宅も近所だが、一度も店に来たことがない。グルーポンで前払いのクーポンを買いそうなのは、2人のどちらだろうか。グルーポンの利益を最大限にするターゲティングのモデルは、デービッドよりピーターに積極的に売り込む。だが、あなたはうれしくない。店としては、クーポンをきっかけにデービッドに初めてピザを食べてもらいたいし、ピーター親子はクーポンがなくても毎週木曜日に来るだろう。

　提携店は、ターゲティングのモデルをグルーポンとは異なる視点から見る。彼らが求めているのは、クーポンを購入する可能性をもとにグルーポンの会員を分類することではなく、新規の客を抽出してクーポン利用の常連客を除外するようなアルゴリズムだ。そのためには、新規の客になりそうな可能性を評価する仕組みが必要になる。一般にクーポンを利用したい常連客のほうが、新規の客よりクーポンを買うと考えられるため、提携店の視点によるアルゴリズムとグルーポンの視点によるアルゴリズムでは、ターゲティングの結果が異なる**（図表4-6）**。

提携店にとって、「間違った陽性反応」とは「従来の常連客にクーポンを売り込むメール」であり、「間違った陰性反応」とは「新規の客になる可能性があるのに、グルーポンのターゲティングから外れた人」だ。前者は店に直接損失をもたらし、後者は逃した機会となって、店としてはどちらの間違いも歓迎できない。3章で説明したとおり、「クーポン利用者の70％が新規の客」という数字が分岐点の目安になる。

オーガスティン・フォーにクーポンを売り込むメールの大半は、的外れの働きかけだった。その理由のひとつは、提携店は商品やサービスの存在を知らない人に働きかけたいが、顧客は馴染みの店からお買い得の情報をもらいたいからだ。ニューヨーク・タイムズのデービッド・ポーグが自らの経験を告白したように、「クーポンがなくても買うもの」のクーポンが最も歓迎される。新しい経験を提供しようとグルーポンが努力すればするほど、私たちは彼らがターゲットを間違えていると感じるのだ。ターゲティングのアルゴリズムは、二つの矛盾する目的を同時に満たすことはできない。

6　グルーポンのターゲティング

2011年11月4日、株式市場は新規上場したグルーポンが期待外れではないと証明した。グルーポン、提携店、利用者がそろって得をする「ウィン・ウィン・ウィン」の公式は、とりあえず投資家を納得させた。

グルーポンの魅力は単純だ。割引クーポンを喜ばない人はまずいない。しかし、グルーポンのビジネスモデルを理解することは、創業からIPOまで3年間、一度も黒字を計上していないという事実よりも厄介な問題だ。

ハイテク企業のIPOは、ナンバーセンスを実践する理想的な機会でもある。創業者と出資者は、科学的な根拠を挙げながら将来の展望を投資家に売り込む。グーグルはIPOの申請に際し、検索エンジンの柱とするアルゴリズム「ページランク」の威力を強調して、世界中のすべての情報を収得して組織化するという目標を知らしめた。駆け出しのオンライン書店だったアマゾンは、世界最大の小売業者になると宣言した。これらの事業計画の共通点は、壮大な夢物語でもあることだ。企業の短い歴史の紹介は、業界に君臨する日を想像した決意表明で結ばれる。グルーポンは第2のグーグルなのか、それともウェブバン〔訳注：ネットスーパーの最大手だったが、上場から約2年で倒産〕の二の舞いになるのかは、神のみぞ知るところだ。

ナンバーセンスがある人は、数字を鵜呑みにしない。さまざまな数字を関連づけ、信頼できる数字と幻想の数字を見きわめようとする。科学と作り話の境界線を引くのだ。定量的思考を少々働かせれば、グルーポンのビジネスについて驚くような洞察が次々と見えてくる。

まず、ウィン・ウィン・ウィンの公式には落とし穴がある。顧客は明らかに得をして、グルーポンも得をするが、提携店はすべてが得をするわけではない。意外なことに、客があふれているのにつぶれる店もあるだろう。最終的な収益だけでなく、売り上げそのものに影響が出るのだ。クーポンを利用する客が増えるほど、クーポンがない正規料金の場合に比べて、店の総収入は減る。クーポンが無料の宣伝になるとしても、条件つきの「無料」だ。客が受ける値引きの恩恵は店が負担し、収入のうち一定の割合をクーポンの発行元に納めなければならない。

ターゲティングの技術は、提携店の収益性を高めるツールにもなる。しかし、その仕組みを理解していない専門家も少なくない。ターゲティングは、個人に関連性の高いクーポンを提示することとは、実はあまり関係がない。重要なのは利益をもたらす顧客セグメントに働きかけることで、店としては常連客を避けて新規の客にアプローチをしたい。しかしグルーポンの二面性の市場は、典型的なビジネスモデルとは異なる動きをする。消費者が喜ぶほど、店は疲弊するのだ。

さらに、ターゲティングは間違いを起こしやすい。統計的な精度の水準を満たしていても、間違った予測を次々にはじき出す。私たちのメールの受信箱が雑多なキャンペーン情報であふれるのも、偶然ではない。グルーポンがターゲティングの精度を向上させれば、提携店はより費用効率の高いキャンペーンを展開できるだろう。ただし、この成功は副作用を伴う。会員がクーポンを購入する枚数が減り、グルーポンの収益が減るのだ。にもかかわらず、グルーポンのビジネスモデルの複雑さを理解している投資家は、自滅的行為にも見えるこのターゲティング戦略を支持する。

7 成長の苦しみ

2011年5月にフェリックス・サモンのブログで「グルーポノミクス」を読んだ私は、自分のブログに「グルーポノミクスと反事実的思考の力」と題する返信を投稿した。この投稿が本書の3章と4章のもとになった。

その半年後、グルーポンは上場初日の終値でIPO価格より約30％高の26ドルをつけた。投資家は感動し、評論家は困惑した。上場に伴う調達額は歴史に残る規模で、アメリカのIT企業としては2004年のグーグルに次ぐ大きさだった。

ただし、グーグルと似ているのはそこまでだ。グーグルはウェブ検索の画期的なアルゴリズムをもとに広告事業を拡大し、2012年の広告収入は400億ドルを超えた。一方のグルーポンは最初から、そして何回も、つまずいている。上場から1年と1週間足らずで、株価は90％減の2ドル60セントまで落ち込んだ。

2013年3月、アンドリュー・メイソンはCEOを解任された。CEOとして投資家の前に立った最後の決算報告では、２０１２年第４四半期の収益が前年同期比で30％増えたと発表していた。しかし、クーポン事業の収益性は国内外で第３四半期より低下。第４四半期に売り上げが急増する小売業の季節的要因を考えると、かなり厳しい状況だった。

グルーポンの経営陣は、クーポンではなく商品を消費者に売る物販事業「グルーポン・グッズ」の可能性を強調した。同部門の２０１２年第４四半期の売り上げは2億２５００万ドルだったが、利益率は３％と悲惨な数字だ。悪戦苦闘が続くグルーポンは、アマゾンが君臨する電子商取引分野にも手を出している（アマゾンの利益率は過去5年間、20％を超えている）。

一方のアマゾンも、グルーポンのライバル企業であるリビングソーシャルに1億７５００万ドルを出資して共同購入クーポン市場に参入したが、思うようにいかなかった。２０１２年10月に、アマゾンは４年ぶりとなる純損失を計上。リビングソーシャルへの出資もほぼすべて損失に計上された。リビングソーシャルは２０１３年２月に既存投資家から1億１０００万ドルを調達したが、同社のＣＥＯは「ダウン・ラウンド（前回の価格を下回る株価で追加増資を行うこと）」だと認めている。業界2位の共同購入クーポンサイトの時価総額は15億ドルだった。

その2年近く前に、ＩＴ業界の著名なブログ、テッククランチが独自情報として報じたリビングソーシャルの時価総額は29億ドルだった。

5

なぜマーケターは矛盾したメッセージを送るのか?

2012年2月、赤い標的のロゴで知られる小売り大手ターゲットの斬新な（一部の人にとっては恐ろしい）顧客ターゲティングのアプローチが、ニューヨーク・タイムズ・マガジンの1面を飾った。チャールズ・デュヒッグ記者は、女性顧客が妊娠3カ月かどうかを予測するという統計モデルを解説した。

ジェニー・ワード、23歳、アトランタ在住（架空の顧客）。彼女は3月にターゲットでココアバター・ローション、マザーズバッグにも使える特大のバッグ、亜鉛とマグネシウムのサプリメント、鮮やかなブルーのラグを買った。彼女が妊娠している確率は87％。出産予定日は8月後半だろう……（ターゲットのマーケティング担当者は）彼女がメールでクーポンを受け取ると、週末に実店舗を訪れることも知っている。金曜日にメールで広告を受け取ると、週末に実店舗を訪れることも知っている。そして、スターバックスのコーヒーが1杯無料になるクーポン付きのレシートを渡されると、再び店を訪れて使うことも。

マーケティングの専門家は、女性の買い物習慣を変える数少ない人生のイベントとして、妊娠に注目してきた。出産が公的な記録になると、女性のもとにさまざまな売り込みが殺到する。その先頭に躍り出てライバルを置き去りにすれば――出産後にライバルが殺到するよりはるか前に動き出せば――市場シェアを奪えるだろう。デュヒッグの記事によると、ターゲットは妊娠したと予測される女性に働きかけるマーケティング戦略を導入して以来、ベビー用品の売り上げが爆発的に増えている。

このような予測の技術は、ビッグデータの恩恵を受けている。顧客と企業のやり取りを、些細なものまですべて記録する巨大なデータベースが構築されているのだ。ワイアード誌元編集長のクリス・アンダーソンはかつて、データが飽和状態になると、あらゆる詳細が明らかにされ、何も説明する必要はなくなり、理論は色あせると語った。そのような世界が始まっているのだろうか。それは巷で言われているほど恐ろしい世界なのだろうか。ますます多くの企業がターゲティングの自動化に投資するようになり、彼らが何をやろうとしているのか、私たちも理解しておかなければならない。ターゲットの予測はどのくらい正確なのか。情報テクノロジーはときにメディアを暴走させ、顧客ターゲティングの常識を変える。そうした過熱ぶりを裏づける事実はあるのだろうか。

― 特大のバッグで妊娠がバレる

ダイレクトマーケティングの世界ではインターネットが存在しない時代から、ターゲティングのモデルが使われてきた。シティバンクやキャピタル・ワン、アメリカン・エキスプレスなどの大手金融機関はターゲティングのモデルをもとに、クレジットカードの限度額や特典を事前承認した勧誘のダイレクトメールを発送する。通信販売業者は顧客の好みなどを予測して、カタログの大きさ

■図表5-1 小売り大手ターゲットの妊娠予測モデル

買い物客が妊娠している可能性を数値に置き換える。

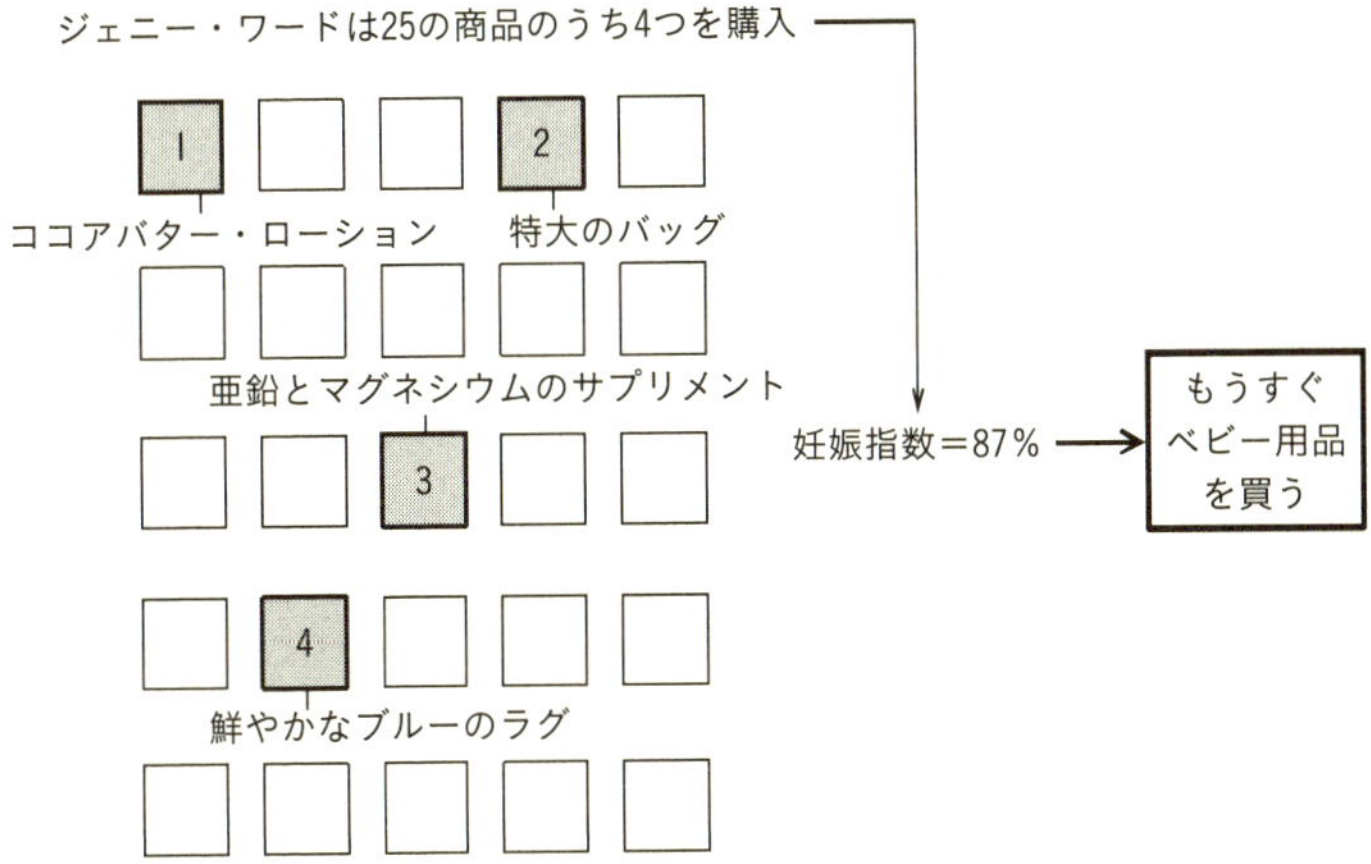

や内容を変える。たとえば、ウィリアムズ・ソノマは顧客セグメントを選別してカタログを薄くし、郵送料を20％削減した。ネットフリックスやアマゾンなどオンライン小売業者は、パーソナライズされたおすすめ機能を導入している。グーグルはユーザーのメールの内容を分析して、より関連性の高い広告を表示する。ハラーズなどカジノ業者は、ポイントカードの履歴から顧客の消費パターンを分析し、それに合わせた特別サービスを提案する。

ターゲットは、母親になる女性という重要な顧客層の売り上げを増やしたかった。そこでデータサイエンティストの出番だ。彼らはすべての買い物客の「妊娠指数」を評価する予測モデルを作成した。25種類の商品の購入金額をもとに、妊娠している可能性を計算するのだ（**図表5-1**）。商品は出産前に購入する傾向が高いものを厳選している。

ターゲティングでよく使われる手法のひとつに、マーケットバスケット分析（バスケット分析）がある。あなたが買い物を終えると、ターゲットが毎回、買い物かごの中身を写真に撮っているようなものだ。その記録を日付順に綴じれば、自分たちの店であなたが購入した商品を順番にたどることができる。予測モデルを構築する際は大勢の顧客の「買い物アルバム」を調べると、あちらこちらで繰り返される購入パターンが見つかる。たとえば、特大のバッグを買った人の多くが、のちにベビーベッドを買っているかもしれない。

コンピュータ関連のインフラにある程度の投資をすれば、小売業者は顧客のプロフィールを作成できる。最初は過去の買い物を振り返るだけだが、次第にあなたがどんな人かも分析されていく。

- **顧客になってどのくらいか？**
- **これまでに購入した総額は？**
- **最近、購入した金額は？**
- **支払金額の平均は？**
- **購入額は増えているか、減っているか？**
- **最後に買い物をしたのはいつ？**
- **購入した商品の種類はどのくらい幅広いか？**

・既製品を買うか、特注品を買うか？
・新製品に飛びつくか？
・サービス窓口に問い合わせた回数は？
・販促メールを読んでいるか？
・クーポンを使うか？
・価格に敏感か？
・どのくらい満足しているか？

デュヒッグの話術に引き込まれて見失いがちだが、バスケット分析が明らかにするこれらの情報では、妊娠を予測することはできない。予測モデルが選んだ25の商品とベビー用品の関係を証明するために、アナリストは大量の「買い物アルバム」を精査する。ただし、一定の購入パターンに当てはまる女性が見つかっても、販促のタイミングとしては遅すぎる。予測分析の本当の目的は、マーケティング戦略に合わせて顧客グループを定義することだ。冒頭のジェニー・ワードは、妊娠が予想される購入パターンの顧客グループと「似ている」が、彼女の購入履歴にベビー用品はまだ登場していない。ここに、彼女は妊娠しているだろうという予測が成立する。4章で登場したミランダ・プリーストリーが、テイラー・ニティオレックスのファッションの傾向を予測した手法も同じだ。この「似ている人」のアプローチ——ルック・アライク・ターゲティング（プリターゲティング）

――はあらゆる予測モデルの基本となる。

過去の顧客の取引にもとづくルック・アライク・ターゲティングは、とても強力だが落とし穴もある。あなたがターゲットで頻繁に買い物をしなければ、あなたの購買習慣に関する直接データが限定的になることだ。年に2、3回しか買い物をしない人は、25の商品の購入データも少なく、妊娠しているかどうかを推測することはまず不可能だ。ジェニー・ワードのような顧客――毎週末のようにターゲットで買い物をして、さまざまな種類の商品を買い、ターゲットのオンラインストアでもクーポンを利用して買い物をし、販促用のメールを開封し、スターバックスのサービス券に喜ぶ顧客――がどのくらいいるだろうか。おそらくジェニー・ワードは、妊娠する前からターゲットにとって上客だ。しかし、ターゲティングのモデルが、彼女のような人々に狙いを定める意味はあるのだろうか。彼女たちは放っておいても店に来てくれるだろう。マーケティング戦略の課題はたまにしか来ない客や初めての客であり、しかし店には彼らに関連する情報がほとんどない。

たとえば、アマゾンはあなたに『ナンバーセンス』を買ってもらいたいが、あなたには地元に行きつけの書店がある。顧客データを分析したアマゾンは、半年以内に『まぐれ』（ナシーム・ニコラス・タレブ著）と『ヤバい経済学』（スティーヴン・D・レヴィット、スティーヴン・J・ダブナー著）を読んでいる人は、『ナンバーセンス』を買う傾向が強いことに気がついた。あなたもこの顧客セグメントに属するが、2冊とも地元の書店で買ったから、アマゾンにはわからない。

そこでアマゾンは、別のルートから『ナンバーセンス』を買いそうな人の購買習慣を探る。たとえば、次のような共通点に注目する。

- **年齢層**
- **居住地域**
- **性別**
- **定期購読をしている雑誌**
- **ネットを利用する時間**
- **携帯電話から商品やサービスを注文する頻度**

こうして数種類の顧客層が浮かび上がる。たとえば、40歳以上で大学を卒業しており、アメリカの25の大都市圏のいずれかに住んでいて管理職に就いている人、かもしれない。あなたがこのグループに属するとアマゾンが判断したら、アマゾンのサイトを訪れたあなたに私の本を「おすすめ」するだろう。企業があなたに直接話しかけているかのようなワン・トゥ・ワン・マーケティングの概念は不安を煽るように誇張されがちだが、実際には大多数の企業が、本当の意味で「パーソナルな」働きかけができるほどはあなたのことを知らない。

2 企業はあなたの何を知っているのか

アマゾンなどの小売業者は、あなたが次に何を買いそうか、二つの方法で推測する。あなたがお得意様なら、購入履歴から手がかりを探す。お得意様でなければ「代替データ」を参照して、あなたに「似ている」常連客と関連づける。この場合、年齢や収入、購読雑誌、ペットの有無などが代替データになる。

顧客の購買習慣を知る近道は、会員登録制度だ。会員向けの割引やプレゼントは、小売業者があなたの個人情報に払う代金でもある。アマゾンが発行する提携クレジットカードは、アマゾンで買い物をすると1ドルにつき3ポイント、ほかの店なら1ポイントが貯まる。ポイント3倍に魅力を感じたあなたが買い物の大半をアマゾンでするようになると、アマゾンはあなたの購買パターンを難なく手に入れることができる。

たまにしか来ない客について分析する際は、代替データを利用する。代替データは圧倒的な量が蓄積されている。インフォUSAやエクスペリアン、イプシロンなどの企業は、全米の家庭の75%以上を網羅するデータベースを独自に管理している。彼らの商売は、データを集めて売ること。たとえば次のようなデータを販売している。

・人口統計学的データ（性別、年齢、民族性、学歴、収入など）
・近隣地域のデータ（自宅周辺の人口構成、近隣で通勤時間が60分を超える住人の割合など）
・消費データ（アイスクリームの購入額、テレビ通販の購入額など）
・ライフスタイルのデータ（いつ転居したか、いつ結婚したかなど）

最近はブルーカイやエクセレートなどのスタートアップが、オンラインやモバイルの利用状況に関するデータを編集して販売している。データの規模は膨大で、アメリカだけでも毎月1億人分のウェブ閲覧情報を追跡している。これらのデータの売買は、ビッグデータの生態系の一角を占める。2010年代に入ってビッグデータは一躍脚光を浴び、ウェブ検索、ブロードバンド、ソーシャルメディアなどに続くハイテク業界の次のビッグウエーブとして、もてはやされるようになった。シリコンバレーを代表する投資会社アクセル・パートナーズはビッグデータ関連のスタートアップを支援するため、1億ドルのベンチャーキャピタルファンドを立ち上げた。

2012年2月、フェイスブックがついにIPOの申請書類を提出すると、最大1000億ドルとも言われた企業評価額を「個人情報の値段」と呼ぶアナリストもいた。ソーシャル・ネットワーキング・サービス（SNS）最大手のフェイスブックは、ターゲティングのモデルが利用する代替データの最大の貯蔵庫でもある。

フェイスブックやリンクトイン、ツイッターなどのSNSは自ら情報を公開するが、一部のビッグデータ企業は個人情報をひそかに収集している。これらのデータをめぐる議論が起きるたびに、その実態が注目されてきた。２０１１年12月、ソフトウェア開発業者のトレバー・エッカートが、スマートフォンなど多くの携帯端末に出荷段階からインストールされているアプリ「キャリアＩＱ」に、ユーザーに無断で自社のサーバーにデータを送信するコードが組み込まれていることを暴露した。端末の利用履歴のほか、個人的にやり取りされたテキストメールの内容も収集していた。その数カ月後、アルン・タンピという開発業者が、第2のフェイスブックをめざす新興ＳＮＳのパスがｉＰｈｏｎｅユーザーのアドレス帳を無断で自社のサーバーに送信していると指摘した。詳しく調査すると、ほかにも多くのアプリが同じような行為をしていることが明らかになった。アップルはｉＰｈｏｎｅのアプリ開発業者に対するガイドラインで、個人情報を収集する際はユーザーの同意を得るように規定しており、明らかなルール違反だった。

私たちの意思に関係なく、これらの企業はウェブカメラで私たちを四六時中、録画しているようなものだ。２００９年にグーグルのエリック・シュミットＣＥＯ（当時）は、「誰にも知られたくないことがあるなら、最初からやらないほうが賢明だろう」と語っている。世界各地の都市でカメラを搭載した車を走らせ、街中の風景を撮影している企業のボスが、そう警告したのだ。さらに、これらの車両を当局が調査したところ、撮影中に無線ＬＡＮを介して位置情報を取得する際に、メールやパスワード、検索履歴などさまざまな個人情報も収集していることが発覚した。

『ロングテール』などの著書でも知られるクリス・アンダーソンは、一連の狂想曲が始まる数年前に大胆な予言をしていた。彼は2008年に「理論の終焉」と題した記事で、ありあまるほどのデータがあらゆる人とモノを詳細まで完全に説明し、圧倒的な正確さで事実を明らかにするようになれば、分析のために精度を犠牲にしたモデルを構築する必要はなくなると主張した。

膨大な量のデータと応用数学が、あらゆるツールに取って代わる世界が始まる。言語学も社会学も、人間の行動に関する理論はすべて駆逐される。生物分類学も、存在論も、心理学も必要ない。人間の行動の理由など、わかるはずがない。人がある行動を取り、それを今までになく忠実に追跡して計測できる。それが重要なのだ。十分な量のデータがあれば、数字がおのずと語りだす。

挑発的な予言だからこそ、検証するべきだろう。情報テクノロジーをめぐる現代の報道では、大胆な主張が狂信的な支持を得るときがある。相関関係にもとづく統計モデルはどこまで正確なのか。「忠実な」追跡はどのくらいのデータ量まで通用するのだろうか。

3 種々雑多なメッセージを送信する

ターゲティングの可能性を称えていたチャールズ・デュヒッグの記事は、ひとつのエピソードで一転する。あるティーンエイジャーが妊娠を両親に告白する前に、ターゲットからの広告で父親が妊娠を知ることになったというのだ。若い女性がいつのまにか標的にされている無責任なターゲティングは、応用統計学の勝利の証だったのだ。しかし、そもそも相関関係にもとづく統計モデルは、どこまで信頼できるのだろうか。

ターゲットの顧客リストの女性のうち、つねに10%が妊娠していると仮定して考えていこう。ターゲティングのアルゴリズムは女性の買い物客の20%を（おそらく）妊娠していると判定するが、このアルゴリズムが採用している統計モデルの精度では、20%の女性客のうち約6%が実際に妊娠している。この場合、陽性的中率（PPV）は約30%（妊娠していると判定された人の約30%が実際に妊娠していた）で、予測モデルとしては失格だ。

それでも統計学的には最上級のモデルだという。顧客リスト全体で女性が妊娠している割合は10%。アルゴリズムが抽出した女性客は、その3倍にあたる30%が妊娠していたからだ。このときモデルのパフォーマンスを計測する「リフト率」は3・0となる。一方で、このモデルは実際に妊娠している女性の40%（10人中4人）を見逃している。アルゴリズムが妊娠していると判定した女性客の14%（20%−6%）は、ターゲットからの売り込みに気づいたら、この店はいつから「ベビーザらス」に変わったのかと首をひねるだろう（**図表5-2**を参照）。

デュヒッグはさらに、ある疑問を投げかけた。信頼できる精度で妊娠を予測できるなら、ときには家族よりも早く妊娠を知ることができるなら、なぜ販促のメールに妊娠とは関係のない商品を無

■図表5-2 予測モデルのパフォーマンス

女性客100人のうち10人が実際に妊娠している場合、その10人を特定するために、まず妊娠している可能性が最も高い20人を抽出する。重要なのは、ターゲティングの対象となる人数をできるだけ絞ることだ。

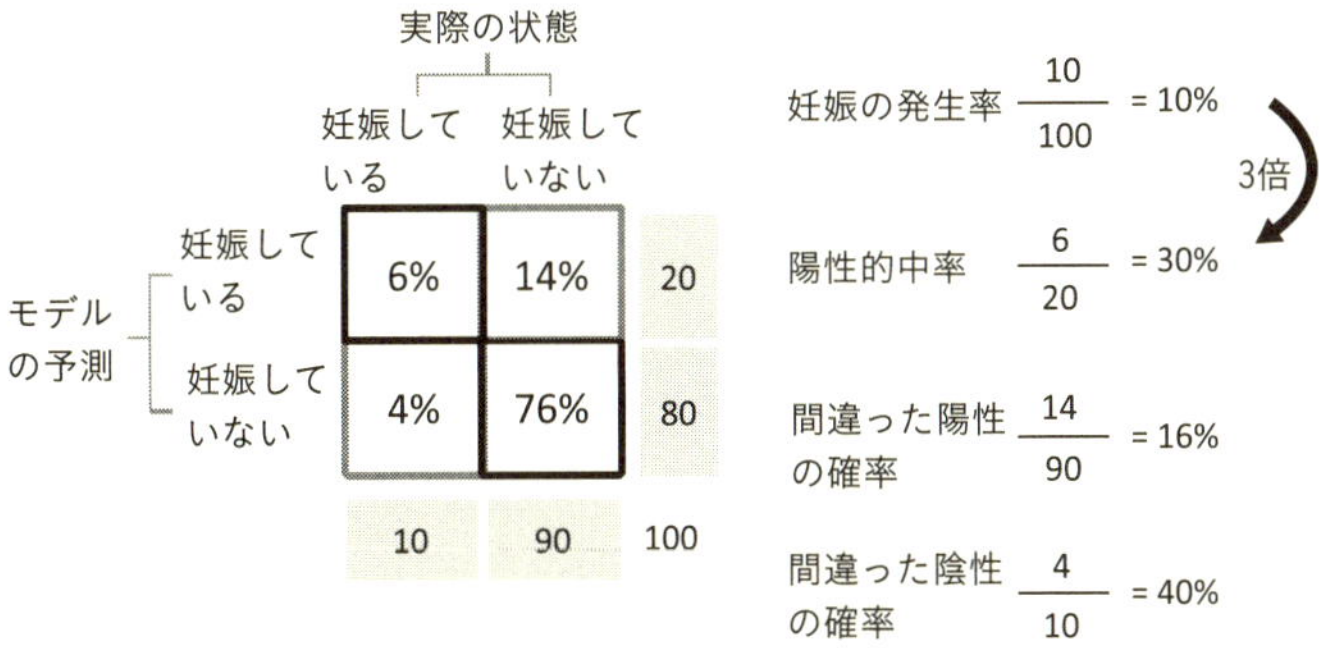

作為に混ぜるのか。これほど有力な技術を開発したのに、ターゲットはどうして自慢せずに隠そうとするのか。デュヒッグはこれを、予測モデルの不気味な正確さを中和して、言い逃れるためだろうと考えた。ターゲットのある幹部は匿名で次のように説明している。

> 紙オムツの広告の隣に芝刈り機を載せ、ワイングラスと子供服の割引クーポンを一緒に提示する……妊娠している女性に自分が見張られていると感じさせなければ、クーポンを使ってもらえるだろう。

ベビー用品ばかりのパンフレットを、自分の妊娠をターゲットは知らないと思っている女性に送りつける場合と、妊娠していない女性に送りつける場合は、どちらが厄介だろう。たちが悪いのは後者のほうだ。そして、先に説明した例のとおり、パンフレットを受け取った女性の70%が実際は妊娠していないのだ。妊娠とは関係のない商品を紛れ込ませる方法で、ターゲティングの誤射をごまかしきれるだろうか。

4　ビッグデータは救世主なのか

統計学者にとって、優秀な予測モデルは宝石のように光り輝いて見える。それでも、優秀なモデルが抽出した顧客の大半は「間違った陽性反応」だ。この残念な結果は、予測可能な結果でもある。企業の経営者は、支離滅裂なマーケティングで気分を害された顧客から厳しく責められること以上に、販売の機会を失うことを恐れるからだ。ビッグデータの到来がこの危機から救ってくれるのだろうか。

たとえば、あなたはこの本をどうして買おうと思ったのだろう。書店で表紙のデザインに惹かれた。前著『ヤバい統計学』の統計的思考の話がおもしろかった。自分の誕生日に自分でプレゼントした。毎月1日に地元の書店で本を1冊買うことにしている。同僚が絶賛していたから帰りに買った。ビジネス書はほとんど読まないが、気まぐれで買ってみた。私のブログを愛読している。パートナーが数学教師だ……。好奇心、期待、友情、同僚の言葉、習慣、だまされやすい、気まぐれ。『ナンバーセンス』を買う理由として、いずれもそれなりに納得できる。

では、次に挙げる項目のなかに、あなたがこの本を買った理由があるだろうか。

- **あなたは中年だ**
- **あなたは大学を卒業している**
- **あなたは管理職だ**
- **あなたは都会に住んでいる**

どれも『ナンバーセンス』を買う理由にはなりえないと思うかもしれない。統計上は購入者の大半が都会に住んでいても、都会の暮らしを楽しんでいるからこの本を買った、という人はいないだろう。反事実的な考え方をすると、郊外で子育てをしている人のなかにも、この本を買う人はきっといる。それでも一般的なターゲティングのモデルは、年齢や学歴、職業、地理的条件などのデータを貪るように取り込む。小売り大手ターゲットのアルゴリズムは過去の購買パターンを、未来の購買行動の原因ではなく指標として参照する。一方で、信頼や同僚の影響、習慣など、人間の行動に直接的な影響を及ぼすが、漠然として形のない要因は気にもとめない。

あるものをどうして買ったのか、本当の理由は残念ながら簡単には計測できない。そもそも計測などできるのだろうか。一般に社会科学の統計モデルは、人間の行動の理由ではなく相関関係をもとにしている。そのようなモデルが描く現実は、当然ながら現実を十分に捉えきれず、間違った陽性反応と間違った陰性反応が多すぎる。

統計モデルは、ニュートンの重力のモデルとは違う。リンゴを木から落とす下向きの力は、昨日も、きょうも、明日も働く。しかし現実世界の相関関係は、一貫性とはほど遠い。あなたがきょう緑色の傘を持っているからと言って、次に買う傘も緑色とはかぎらない。因果関係を無視するモデルは、物理科学の世界ではモデルとして認められることはない。この構造的な限界は、データがどれだけ大量にあっても――ビッグデータでも――乗り越えることはできないのだ。

それどころか、大量のデータは、相関関係に対して不相応で誤った信頼を生みやすい。エコノミストのナシーム・ニコラス・タレブはベストセラーの『ブラック・スワン』で、目の前にいるのが白い白鳥ばかりでも、黒い白鳥がいる可能性を切り捨ててはいけないと警告する。ビッグデータと黒い白鳥が対決したら、勝つのは黒い白鳥だ。

統計学者は、より現実に近い因果関係の枠組みを社会科学のモデルに組み入れようと苦心している。簡潔に表すと、**図表5-3**のbに似た構造になるだろう。もっとも、人間にできないことがアルゴリズムにできるというのは過大評価だ。流行や衝動など、人間の行動の本当の理由を統計モデルが導き出せるとは考えにくい。これらの要因は、直接は計測できない「潜在因子」と呼ばれる。モデルを構築する際は、計測する方法がわからない隠れた要因に推測や解釈を加えるが、その推測や解釈を証明することはできない。潜在因子を説明しないままにする場合もある。こうした小手先では構造的な問題を解決できないが、統計モデルの場合、謎に満ちた世界に新しい洞察をもたらす

■図表5-3 消費者行動の分析モデルにおける潜在因子

(a) 過去の行動を分析する簡潔なモデルは、本当の原因を組み込めないという限界がある。
(b) より高度な分析をめざすモデルは、計測できる指標（過去の購買行動など）を使って、買おうという決断に直接影響を及ぼすと考えられる潜在因子（知識欲、同僚の影響、衝動、マーケティングにだまされやすい性格など）を推測する。潜在因子はモデルが想定する因果関係を反映しているが、計測することはできない。

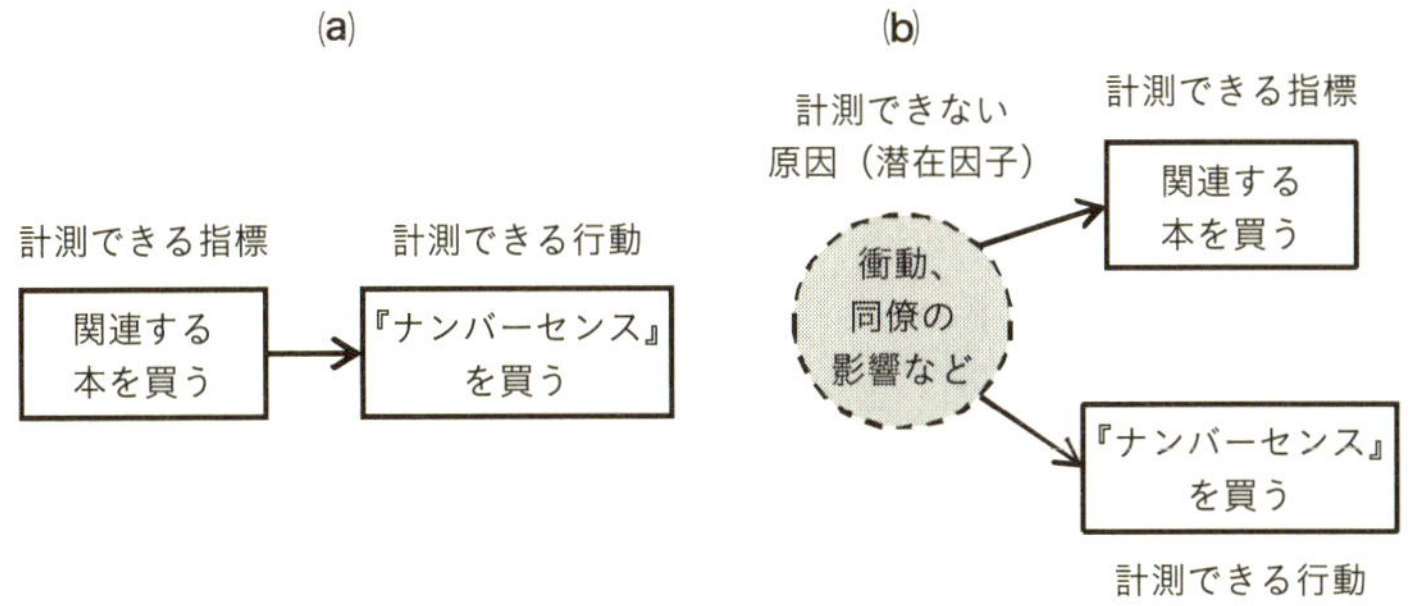

かぎり構造が不完全でも許される。

このような相関関係の構造は、いずれにせよ不安定だと考えられる。行動心理学者は創意に富んだ実験をとおして、私たちの判断が「プライミング効果」〔訳注：先に受けた刺激が後からの刺激に影響を与える〕に左右されやすいことを証明している。たとえば、経営学教授のチェン・ボ・チョンとケイティ・リルイエンキストは、被験者にあるストーリーを筆写させる実験を行った。ひとつのグループは同僚の邪魔をするストーリーを、もうひとつのグループは同僚の手助けをするストーリーをそれぞれ書き写した。その後、全員がさまざまな家庭用品について、どのくらい欲しいかを評価した。退屈な筆写は買い物という行為とは無関係なので、どちらのグループも似たような評価をするはずだ。

はたして、驚きの結果になった。ポストイットの付箋やエナジャイザーの電池など、一部の商品の評価はほぼ同じだった。一方で、洗浄剤には特徴的な傾向が見られた。クレストの歯磨き粉やタイドの洗剤などは、同僚の邪魔をするストーリーを筆写したグループが、同僚を助けるストーリーを筆写したグループよりはるかに強く欲しがったのだ。このような実験の後に、プライマーとなる行動（この場合はストーリーの書き写し）の影響を受けた可能性について質問すると、ほぼすべての被験者が影響を否定する。つまり、関係のない行動であらかじめ潜在意識に刺激を与えることによって、洗剤が欲しいと思わせたとも考えられる。

認知心理学と行動経済学の権威でプリンストン大学名誉教授のダニエル・カーネマンは近著『ファスト&スロー』で、プライミング効果などの予期せぬ認知バイアスが意思決定に与える影響について、画期的な洞察をしている。私たちのまわりには、私たちの行動を誘引するものがたくさんある。複数のプライマーが同時に影響を与える場合もあるだろう。プライミング効果の存在が明らかになっても、たいていの人は自分が影響を受けたとは思わない。さまざまな実験の結果を踏まえると、人間の意思決定を、確固たる論理的な因果関係によって説明できるとは考えにくい。統計学者は説明がない部分を因果関係のモデルに託そうとするが、そのような行為は本質的に誤りを生みやすく、大量のデータでもその誤りは直せない。

カリフォルニア在住のクリス・アンダーソンの理論は、ハイテク業界の人々との会話をつうじてかたちづくられてきた部分もあるだろう。ハイテク業界では、モデルの間違いが重大な結果を招くことはまずない。グーグルのページランクがあなたの検索内容に最も関連するサイトを見つけられなくても、グーグルに実害はない。あなたもページランクの間違いに気がつかないだろう。ネットフリックスがあなた宛てにおすすめする映画がくだらなければ、無視すればいいだけだ。グルーポンはオーガスティン・フォーに無関係なクーポンの勧誘を次々に送りつけるが、無料で届いたものにそこまで不満は感じないだろう。クリス・アンダーソンは２００８年に、「十分な量のデータがあれば、数字がおのずと語りだす」と言った。誰もあえて口にしないが、相関関係のモデルが導き出した予測の大半は間違っている。頭脳やスキルの問題ではない。人間の行動という万華鏡を、公式に押し込もうとしても無駄なだけだ。ビッグデータの到来は、理論の終焉ではない。あらゆる統計モデルに仮説が含まれていることは、次の二つの章で詳しく説明する。

第3部 エコノミックデータ

Part 3

Economic Data

失業率の増減をあなたが実感できないのはなぜか？

1
2
3
4
5
6
7
8

2010年2月2日。アメリカ各地で朝早くから広場に人々が集まり、グラウンドホッグ（マーモットの一種）を待ち構えた。この日に冬眠から目覚めて出てくれれば、春の訪れが早いという言い伝えがある。この年は少なくとも20匹の〝預言者〟がいて、13匹はもうすぐ冬が終わると告げた。映画『恋はデジャ・ブ』で一躍有名になったペンシルベニア州パンクサトーニーのフィルは、7匹の少数派のひとりだった。

フィルの予言にもっと注目するべきだったようだ。2月13日にハワイを除く全米の州が雪に覆われたのだ。米北東部は2月5日と6日に続いて、2週連続で猛吹雪の週末を過ごした。首都ワシントンDCでは数万世帯が停電し、美術館などが閉鎖され、ホワイトハウスも見学できなくなった。米郵政公社は30年ぶりに配達を中止。主要空港も閉鎖された。1回目の週末に60センチから1メートル近く雪が積もり、2回目でさらに30センチ、60センチと上積みされた。北東部が「スノーマゲドン」に震えているころ、南部も季節外れの寒波に見舞われていた。ルイジアナ州は積雪15センチ。フロリダ州もうっすらと白くなった。テキサス州ダラスは一日の積雪として過去最高の29センチを記録した。

この冬、アメリカはもう1回、猛烈な寒波を経験している。3回目のハリケーンならぬ「スノーウィケーン」が始まったのは2月25日。月末までに各地で累積積雪量の記録を更新した。メリーランド州ボルチモア（125センチ）、ワシントンDC（117センチ）、ニューヨーク市セントラルパーク（94センチ）、同市ラガーディア空港（74センチ）、ペンシルベニア州ピッツバーグ（124センチ）。

■図表6-1 恐怖の雇用チャート

第2次世界大戦後の不況はすべて、雇用が大幅に減少するが、最終的に元の水準に回復してきた。本書ではわかりやすいように直線で示している。

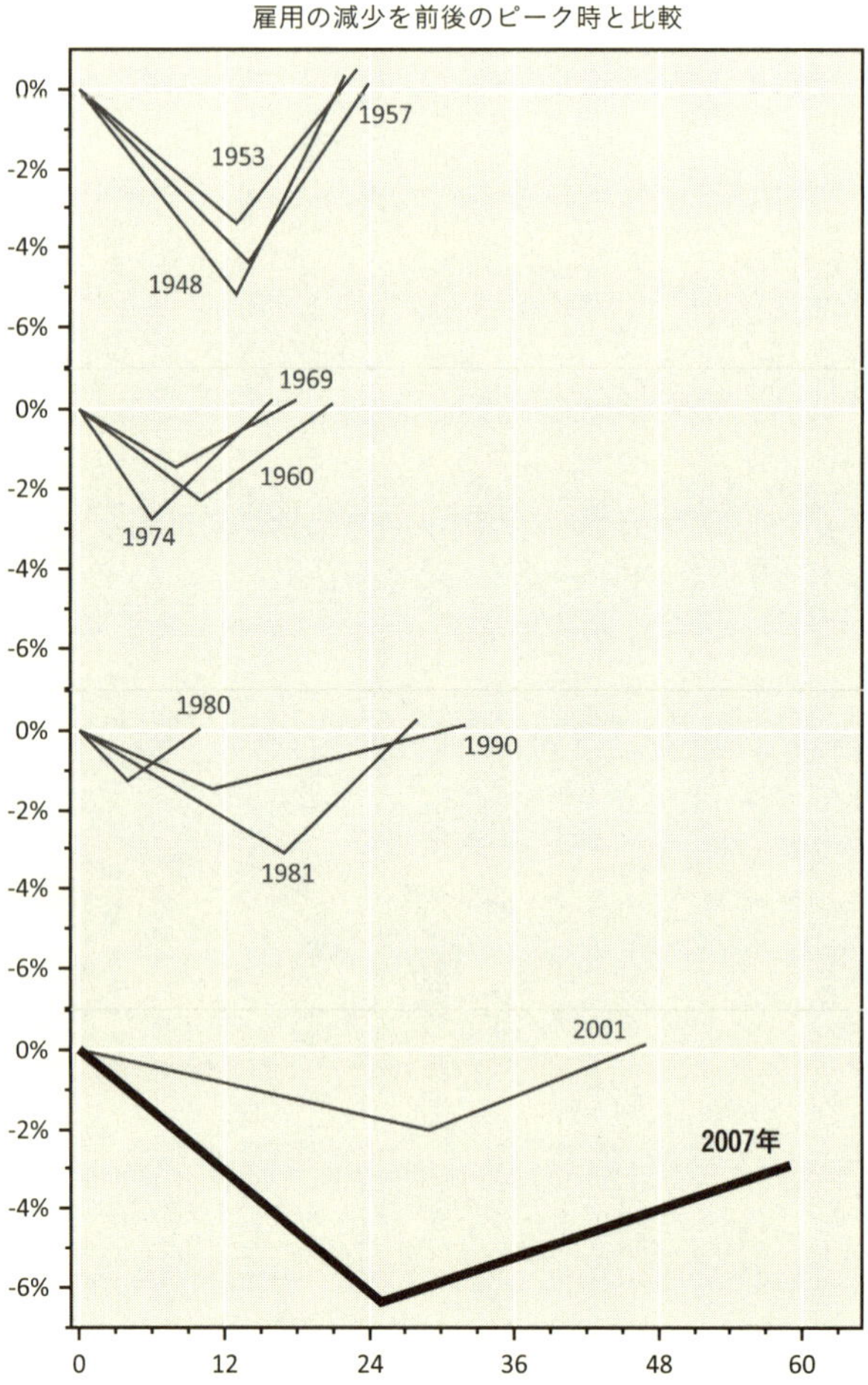

出典：ブログ「Calculated Risk」

冬季の通算積雪量はワシントンDC、ボルチモア、フィラデルフィア、デラウェア州ウィルミントン、ニュージャージー州アトランティックシティで記録を更新した。

「スノーウィケーン」後の最初の金曜日は、米労働省が毎月の雇用統計を発表する日だった。アトランタ連邦準備銀行に19年間勤めたエコノミストのマーク・ロジャースの言葉を借りれば、「世界中で最も注目される経済リポート」だ。大不況に直撃された2007年12月の雇用統計は史上最悪の数字が並んだ。以来、延べ800万以上の雇用が消滅している。この悲劇の深刻さは、**図表6-1**の痛切なグラフが物語るとおりだ。人気ブログ「ビジネス・インサイダー」は、このグラフを「最も恐ろしい雇用チャート」と呼んだ。政策立案者は夢でうなされたに違いない。

2001年の不況時は、雇用市場が不況前の水準に戻るまで4年かかった。エコノミストのディーン・ベイカーは2012年までの芳しくない回復状況を見て、2028年にようやく雇用が健全になるだろうと予想した。健全化には、失われた雇用を埋め合わせるだけでは足りない。アメリカの人口は増えつづけているため、以前と同じ雇用率を維持するには、以前より多くの雇用が必要なのだ。下りのエスカレーターを駆け登るようなものだ。

巧みな嘘

2010年前半までにアメリカは24カ月連続で雇用が減少し、雇用情勢が転換期を迎えているという解説も聞き飽きた。不透明な経済動向に、予想はことごとく裏切られた。ベン・バーナンキ米連邦準備制度理事会（FRB）議長がCBSの報道番組「60ミニッツ」で、株価の上昇局面を「春の芽生え」と表現したことが一斉に報道されてから10カ月。多くの労働者にとって、春は「来年こそは」と約束するばかりで会えないままの友人だ。しかも2月の大寒波が、希望をさらにひと月、先延ばしにした。バラク・オバマ政権の国家経済会議委員長で、経済学者としても完ぺきな経歴を持つローレンス・サマーズはCNBCの経済情報番組「ファスト・マネー」で、まもなく発表される雇用統計は記録から抹消したほうがいいと発言。「猛吹雪が……統計を歪めている可能性が高い」と語った。「過去の吹雪では、雇用者数に10万から20万人のずれが生じている」

サマーズの警告に、ニューヨーク・ポスト紙の金融担当コラムニスト、ジョン・クルーデルは鋭く反応した。雇用統計が発表される前日の3月4日、クルーデルは「ホワイトハウスが巧妙な印象操作の疑い」と警鐘を鳴らし、政府は人々の認識を操る達人だと褒め殺した。専門家は経済政策の中枢にいるサマーズの発言を受けて、雇用喪失の予想を2万人から6万8000人へと大幅に引き上げた。実際に3万6000人という数字が発表されると、市場関係者は好意的に反応した――サマーズの思わせぶりな発言の前の予想は、優に超えていたのだが。

クルーデルはサマーズの思惑に気がついていた。先の大寒波が、雇用統計に意味のある影響を及ぼすことはありえないと考えたのだ。雇用統計をめぐって数多くのコラムを執筆していたクルーデルは、労働統計局の雇用の数え方を知っていた。データの出所を知ることも、ナンバーセンスのひとつだ。

労働省が毎月発表する雇用統計の「テクニカル・ノート（技術注記）」は、労働市場の健全さを計測する二つの調査について説明している。

・事業所現況調査（CES）　事業所の給与支払い帳簿にもとづく調査。企業と政府機関15万カ所のデータを集計する

・人口現況調査（CPS）　全米から抽出した6万世帯に聞き取り調査を行う

2010年2月の大寒波が調査結果を混乱させるとしたら、二つのパターンが考えられる。悪天候のせいで働けなかった人と、調査の回答を期日までに提出できなかった事業所だ。

雪で欠勤した人がいることは間違いない。それなら雇用に関する数字も雪の影響を受けると思うかもしれないが、そうではない。クルーデルが指摘するとおり、問題は数え方だ。給与支払い帳簿にもとづく調査は、その月の12日を含む賃金算定期間に給与が支払われた雇用をすべて数に入れる。2012年2月12日は金曜日だった**（図表6-2）**。給与支払いの大半は、半月払いか週払い、月払いなので、CESの算定期間はそれぞれ2月1～12日、2月8～12日、2月1～26日となる。事業所は、算定期間に1時間以上、有給で働いたすべての従業員を数える。悪天候で数日も仕事を休む人は少ないだろうから、1日か2日の欠勤はCESの統計をほとんど歪めない。

■図表6-2 2010年2月の降雪日

2月12日（☆）は金曜日だった。CESでは、半月払いの従業員は2月の前半2週間の雇用状況が報告される。

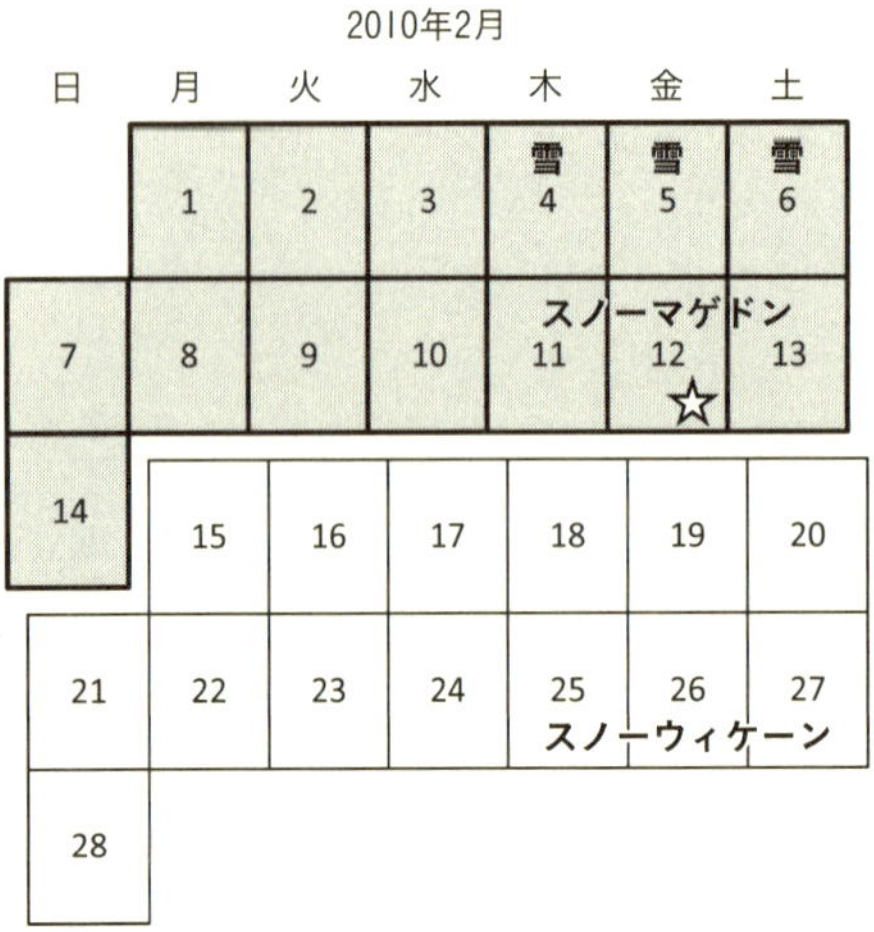

日	月	火	水	木	金	土
	1	2	3	雪 4	雪 5	雪 6
7	8	9	10	スノーマゲドン 11	12 ☆	13
14	15	16	17	18	19	20
21	22	23	24	25	スノーウィケーン 26	27
28						

一方で、世帯を対象とする調査（CPS）は、その月の12日を含む週（2012年は2月8〜12日）に1時間以上、働いた人を就業者として数える。ただし、職場に出勤しなくても「就業」と見なされる。「雇用はあるが働いていない」という区分があり、悪天候で出勤できなかった人はそこに含まれる。

続いて、悪天候のために調査の回答を期限までに提出できなかった事業所について、仮説を考えてみよう。街角のベーカリー、アンズ・スコーンズ＆ジャムズは調査に回答することになっていた。1月は10人の従業員が働いた。2月9日に店主のアンが道路の氷で滑り、両脚を骨折した。ベッドから起き上がれないままカレンダーとにらめっこをしていたが、月末には次々に督促状が来るだけだろうと考えて1カ月間、休業することにした。回答書を記入する気力もなかった。

回答書が提出されないと欠損値が生じる。統計上よく使われる解決策は、データの空白をゼロで補完することだ。回答しなかった事業所をすべて、操業停止と見なして処理する。ただし、この推測には明らかな欠陥がある。あまりに多くの雇用を計算の対象外にすることだ。統計学者に言わせれば、「証拠がないことは、証拠がないことの証拠にはならない」が、ネットで「ゼロによる補完」と検索すればわかるように、さまざまな場面でこの手法が使われている。

データの空白を埋めるもうひとつの方法は、「平均値による補完」だ。回答しなかった人は回答した人と同じ答えをすると見なす。大胆な仮説だが、計算の対象外となる雇用はかなり少ない。怠け者は肩身が狭いだろう。

労働統計局は、アンの店が廃業して10人分の雇用が経済から消えたとは考えない。休業を平均値による補完で対応するのだ。

雇用と就業者数の数え方について、これらの寛大なルールを知っていれば、数日間の悪天候が10万や20万の雇用を消し去ることはありえないとわかる。

2　季節調整のスパイス

毎月第1金曜日、労働省は雇用情勢を発表する。その翌日、ニューヨーク・ポスト紙でジョン・クルーデルが「真実」を解説する。2012年2月3日の雇用統計は雇用者数が24万3000人増えており、エコノミストの大半の予想を大きく上回ったとしてメディアは好意的だった。しかし翌朝、クルーデルは雇用統計を「策略」と批判。もとのデータに注目するべきだと主張した。「実際は、事業所の調査では1月に268万9000人分の雇用が減っている……（これが）調整も改ざんもされていない生の数字だ」。大幅な減少を目覚ましい増加に変身させたのは「季節調整」で、クルーデルお得意の攻撃材料でもある。

クルーデルの「真実」とは、**図表6-3**に灰色の点で記されている2003年1月〜2012年11月の雇用者数の生データだ。労働統計局は毎月15万カ所の企業と政府機関から、給与支払いのデータを収集する。対象となる事業所は全米400地域、1000種類の業界から無作為に抽出され、あらゆる規模にわたる。事業所現況調査（CES）の数字は年2回、10月と2月に雇用賃金四半期調査（QCEW）と照らし合わせて調整される。QCEWは納税記録から雇用数を計算するもので、より正確だが、調査の頻度は少ない。この調整の幅は約0・2%と小さく、CESの正確さを際立たせる。CESのサンプルは該当する全事業所の3分の1近くに及び、回答率は80%に達する。

■図表6-3「本当の」雇用者数

月別の雇用者数のグラフ。グレーの点線は調整前。黒い実線は季節調整済みのため、変動が滑らかになっている。

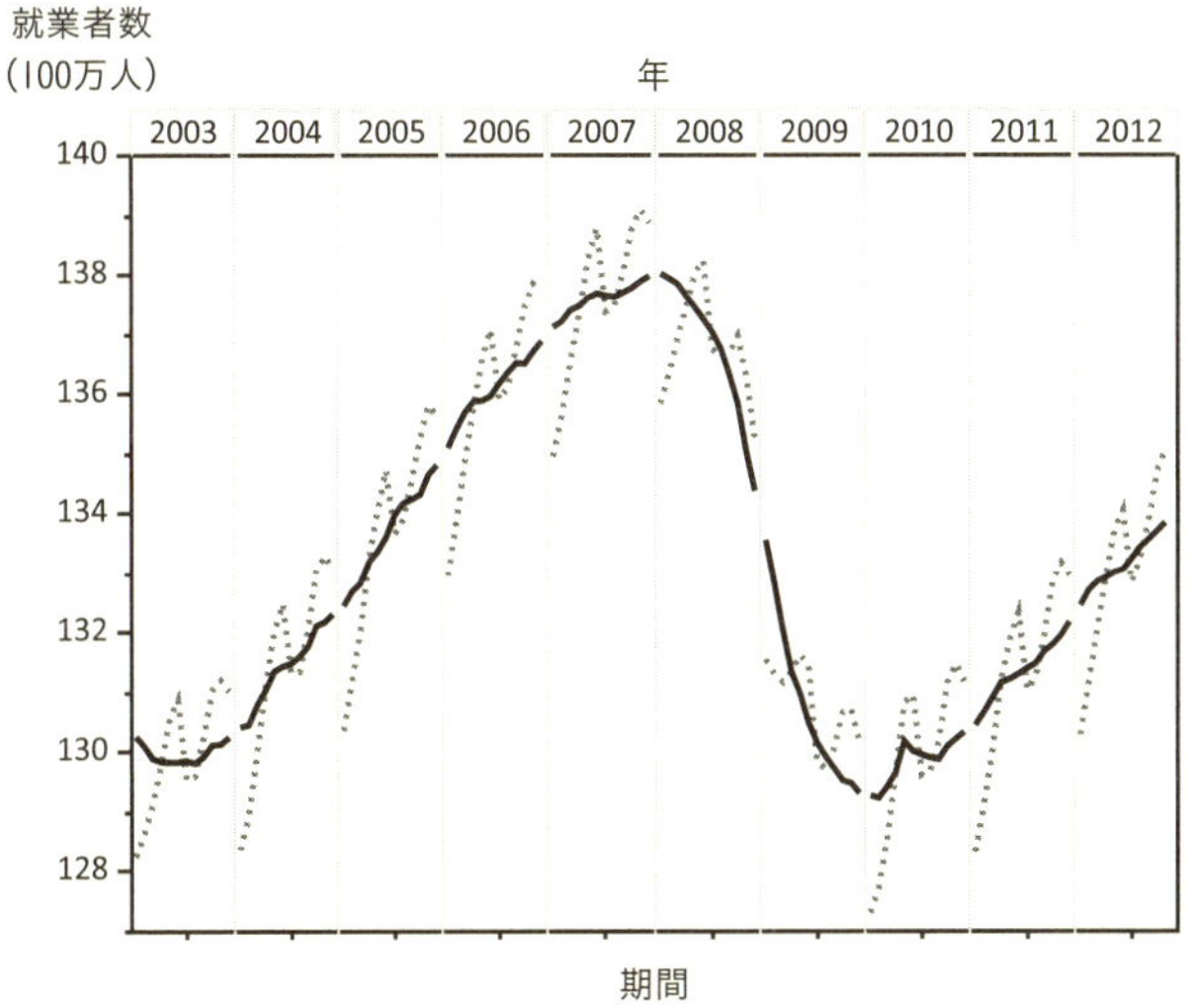

図表6‐3で目を引くのは、グレーの点がのこぎり歯のパターンを描いていることだ。10年間を通じて急増と急減を繰り返し、年2回のペースで鋭い歯をむく。これを「小さい歯」のパターンと呼ぶ。グラフには「大きい歯」も潜んでいる。黒い実線のカーブだ。２００３年から２００７年まで雇用数は順調に増えているが、そこで急降下して、２０１０年には雇用市場が回復に転じる。のこぎり歯のぎざぎざが少ないこちらのパターンは、同じ10年間の景気サイクルに重なる。「大きい歯」の正式な名称は「季節調整済みデータ」。トレンドライン（傾向線）とも呼ばれる。

クルーデルに言わせれば、グレーの

点線が真実であって、黒い実線はありのままの真実ではない。しかし労働統計局に言わせれば、統計学者が細心の注意を払って給与支払いデータをまとめ、黒い実線を正式なデータとして発表しているのである。なぜグレーの点をわざわざ黒い実線で描きなおすのだろうか。その過程でどのような情報を犠牲にしているのか。クルーデルの疑惑を簡潔に表すと次のようになる。

グレーの線 ― 黒の線 ＝ ？

図表6-3から月ごとにトレンドラインと生データの差を計算すると、2種類のデータを、月ごとの差として1種類のデータに置き換えられる。これを1年単位で切り分けて並べたものが**図表6-4**だ。ここでナンバーセンスがうずき出す。**図表6-3**ではグレーの線と黒い線の差はかなりばらつきがあるように見えるが、**図表6-4**では季節ごとに一定のパターンを繰り返していて、年間のグラフは重なりそうなくらい似ている。マイナス200万人から這い上がって半年でプラス100万人の頂点に達したあと、7月はマイナスに落ち込み、再び回復して、第4四半期に100万人を切るあたりで横ばいになる、というパターンだ。

これは計量経済学の手法のひとつだ。**図表6-4**のグラフは、雇用市場の12カ月のサイクルに似ている。経済情勢に関係なく、雇用者数は予測可能なパターンで増減を繰り返す。このパターンが季節調整要因（季節性）だ。アメリカのＧＤＰ（国内総生産）の3分の2は消費者支出

■図表6-4 季節のパターン

季節調整の幅は月によって大きく異なるが、年間を通しての変動は一定のパターンを繰り返す。

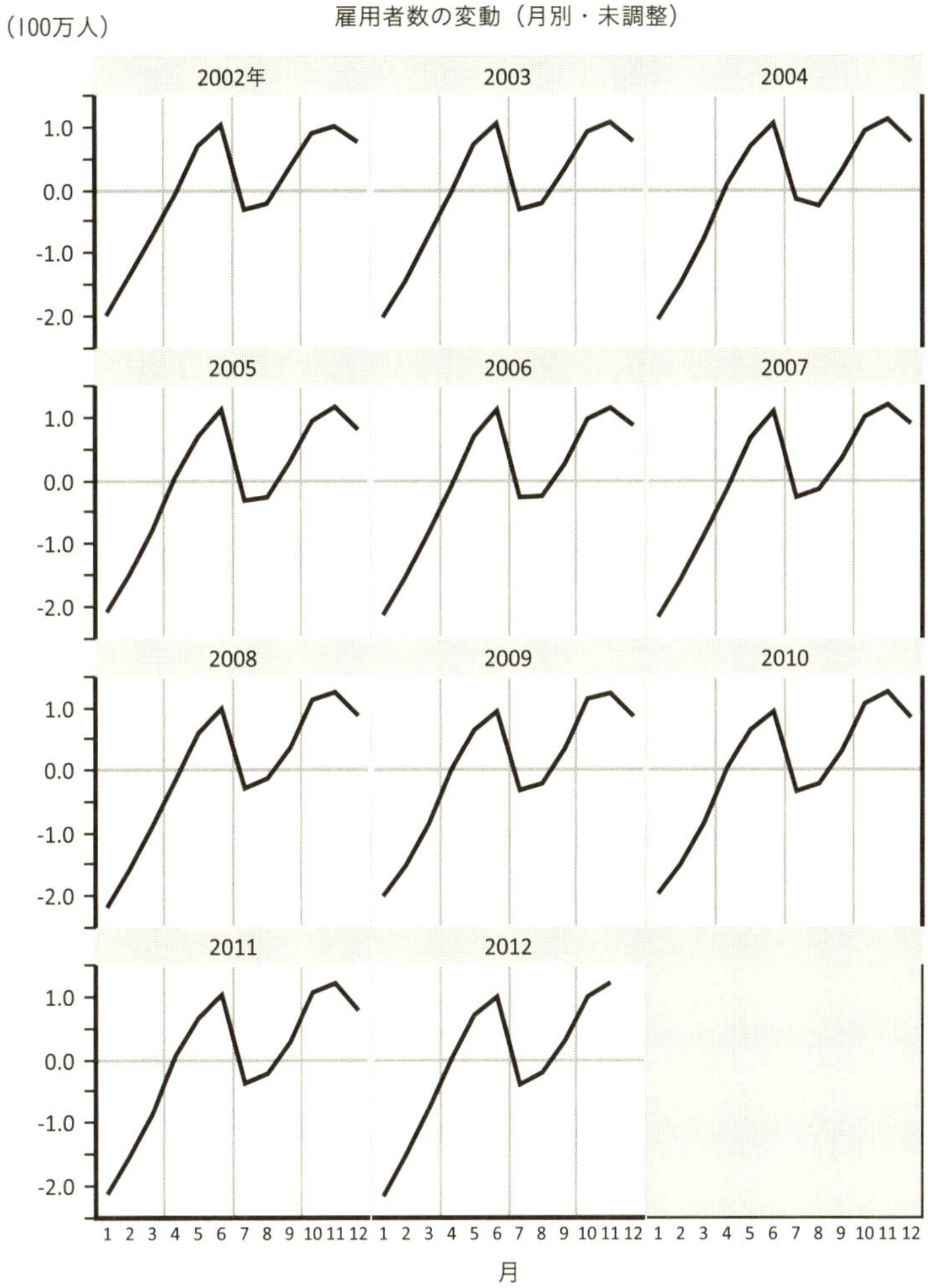

で、小売業者は年間利益の半分、年間売上の30％をブラック・フライデーから年末にかけて稼ぐ。感謝祭（11月の第4木曜日）の翌金曜日――ブラック・フライデー――からクリスマスセールが始まり、多くの小売業者が黒字に転じるのだ。冬の街にあふれる買い物客が新しい雇用の波をおこすが、多くは臨時採用で、春の訪れを告げる雨で洗い流される。**図表6-4**のグラフはこのような季節的な変動を表している。

先ほどのクルーデルの「疑惑の計算式」は次のようになる。

グレーの線　―　黒の線　＝　季節性
生データ　―　季節調整済みデータ　＝季節性

ただし、季節調整済みの雇用者数の概念は激しい批判を浴びている。人間が月々の雇用事情を推測して、数字に解釈を加えるのだ。クルーデルのアレルギー反応も当然だろう。季節調整は、懐疑派に言わせれば統計の「真っ赤な嘘」だ。２０１２年１月に23万４０００人の雇用が新たに増えたのなら、どこに履歴書を出せば就職できるのか。答えは――どこにも出せない。統計学者は悪びれもせずにそう答える。季節調整済みデータは過去の実績をもとに予測した値（ランレート）であり、年間の月ごとの平均的な雇用水準を表す。平均的な月とは、統計のあらゆる平均と同じように、人間がつくった概念にすぎない。

図表6-4を見ると、毎年1月は雇用創出の平均水準を大きく下回る。雇用者数の具体的な増減は、季節調整を取り消すことで求められる。数字上は、2012年1月1日〜31日に全米で270万人の雇用が失われたとするクルーデルの指摘どおりだ。

生データ ＝ 季節調整済みデータ ＋ 季節性

労働統計局はどうして雇用データをいじるのだろうか。

クルーデルの「真実」をもとに考えてみよう。2012年1月に雇用は270万人減少している。これは労働市場の崩壊を予言する不吉な前兆か、それとも年明け恒例の儀式にすぎないのか。実は2007年1月にも、景気の変動に伴う労働需要の変化を受けて失業率が低下したにもかかわらず、就業者数は280万人減っている。つまり、雇用が大幅に減少したことを示す生データに意味はなく、むしろ誤解を招きかねないのだ。問題は、減少の幅が例外的に大きいか小さいかだ。

毎月の雇用水準は経済情勢と月数の影響を受ける。「大きい歯」と「小さい歯」だ。これら二つの要因のどちらを強調するかは、統計学者しだいだ（8章のファンタジー・フットボールの項でも似たような問題を取り上げる）。「小さい歯」はひとめでわかりやすい。毎年1月は雇用者数が300万人近く減少するし、1月にクリスマスはない。しかし政治家は、季節を変えることはできなくても、通貨政策や財政出動によって経済全体の方向を変えられるはずだと考える。そこで、計量経済学の力を借りて、「小さい歯」を抜いて「大きい歯」に注目しようとする。

季節調整済みデータ　＝　生データ　－　季節性

季節性を導き出すために、労働統計局は過去5年分のデータを分析して月ごとの平均的な水準を計算する。ただし、カレンダーには計量経済学者を悩ませる要因がたくさんある。

・月によって日数が異なる
・月によって平日の数が異なる
・月によって賃金が支払われる就業日の数が異なる
・聖金曜日（キリスト教の復活祭前の金曜日）やレイバー・デイ（9月の第1月曜日）などの不確定要素がある

厄介な違いだが、月ごとに比較する際は切り捨てることもできる。予測の専門家は自己責任でこれらの要素を無視する。

クルーデルは架空の会社を例に説明した。この会社は300人に解雇通知を出し、実際に200人をレイオフした。しかし雇用統計上は、季節調整後は100人の雇用を創出したことになる。この会社がジャック・ウェルチ流のリストラ戦略を推し進め、能力が低い従業員を毎年300人ずつ解雇しているなら、そのような計算になるだろう。この年は100人が予想に反して職を維持したと見なされるからだ。その場合、前年に比べて雇用率は著しく改善したことになる。

季節調整済みデータは、異なる月を比較するときは役に立つ。**図表6-3**のグレーの点と点を比較しようにも混乱しやすく、確定的な説明はしにくい。それに対し、黒いトレンドライン上の2点を比較するのは簡単だ。生データを提示されると、そこで議論が行き詰まる。雇用市場が回復しつつあるのか、傷口が開いているのか、生データはほとんど語らない。労働省が季節調整済みデータとして、2012年1月に雇用が23万4000人増えたと発表すると、実際の数字では減っていても、その減少分を雇用市場の緩やかな回復の一環と見ることができる。季節性で調整しない場合のほうが、より大きな嘘になるのだ。

3　この魚は腐っている

ジョン・クルーデルは「真実」を、つまり「調整も改ざんもされていない生の」データを要求する。同じような不満をもつ市場関係者も多いが、非現実的な理想にも思える。人間が自然の純粋さを破壊していると言わんばかりだ。母なる大地が与えてくれたものを、私たち人間がそれ以上よくすることはできない、と。このような哲学は、近年は食のビジネスの一角を占めている。データ分析の言葉には、「生」データ、数字を「料理する」、「スライシング・アンド・ダイシング」分析〔訳注：データの断面を切り出し、サイコロを転がすように視点を変えるなど、さまざまな切り口から分析すること〕など、食に関するものが多い。

最近のレストランでは、食の安全や地産地消を意識した「農場から食卓まで」のコンセプトが流行している。手づかみや暗闇での食事が売りの店もあれば、添加物も香料も使わない調理方法を求める客もいる。畜産業界ではホルモン剤や抗生物質を使わない飼育が注目されている。母乳を推進する運動も似たような流れだろう。そのうち、ペットにトイレのしつけをするのは恥ずかしいことだと思うようになるかもしれない。体の機能を自然にゆだねるのは当たり前のことだ、と。

自然を傷つけないという精神は、データサイエンスの世界では「ノンパラメトリック検定」「分布によらない検定」「イグザクト関数」「仮定なしの分析」など、少々複雑な言葉で表される。基本的な考え方は、前提条件をなるべく少なくすることだ。しかし残念ながら、これらの手法の利点は過大評価されている。私が思うに、データに対する従来の視点に代わる手法というより、補完するものだろう。仮定が少ない分析の代償もあまり語られていない。「イグザクト関数」は多くを語らず、皮肉なことにずばり《イグザクト》と断言できないのだが。

たとえば、夜明け前のサファリツアーで二つのグループがヒョウを追いかけているとしよう。片方のグループを案内するミスター・モデルは明るさの弱い懐中電灯で視界を補い、動物の足跡を照らす。もう片方のツアーガイドのミスター・エクセは、人工の灯りは自然の生態を乱すと否定し、聴覚と嗅覚に頼る。確かにミスター・モデルの行動は自然を変えるかもしれないが、彼のグループのほうがツアー後に豊富な話題で盛り上がるだろう。さらに、ミスター・モデルのグループには自分の目でヒョウを見た人もいるだろうが、ミスター・エクセのグループは音が聞こえるだけで、斑点のある大きな猫が出した音だろうと推測するしかない。もちろん、どちらのガイドにもそれぞれ熱心なファンがいるだろう。どちらかひとりが明らかに優れているという話ではない。これは、統計における仮定の意味を考える際にわかりやすいたとえになる。存在しないものが見えることと、目の前にあるものが見えないことのどちらを優先するか。仮定をあまり使わずに分析することは保守的な戦略であり、いざというときの言い訳でもある。

続いて、「調整も改ざんもされていない生の」データの神話を検証する。本書でこれまでに見てきた調査データは、さまざまな視点から料理されている。たとえば、次のようなケースを考えてみよう。

1. アメリカの大学生が受講した講義を採点する。「指導者は資料を理解していた」などの項目を、1（とてもそう思う）から7（まったくそう思わない）まで7段階で評価する。最後の質問は自由回答で、講義について思ったことを書く。学生から回収した生データを分析用のプログラムに入力していたデータアナリストは、学生の10％が、7段階のレベル分けを誤解していることに気がついた。最後の回答欄で講義を絶賛しながら（「これまでで最高の先生でした！」）、各項目の大半に7をつけていたのだ。アナリストは学生の真意に合わせて生データの採点を並べ替えるべきか。

2．労働統計局は、3月の人口現況調査（CPS）のサンプリングでヒスパニック系を多めに抽出した。ヒスパニック系について統計的に信頼できる結論を導き出すために、十分な量のデータを確保する必要があったからだ。サンプルに占めるヒスパニック系の割合は、アメリカの人口全体に占める割合の約2倍となった。人口全体について分析する際は、データの重みづけを再計算して、民族グループの相対的な人数を反映させる必要があるか。

3．労働統計局の事業所現況調査（CES）は毎月15万カ所の事業所を調査する。対象となる事業所は全米から無作為に抽出される。慎重に手順を踏んで抽出するが、サンプルに選ばれたあとに新規事業を展開する企業もあるだろう。新しい事業所は一般に、経理の専門家を雇うまで詳細な数を回答できない。一方で、サンプルに抽出されたあとに倒産したら、調査に回答する人もいなくなる。つまり、事業所得現況調査のサンプルは実際の社会と比べて、若い企業が少なく、死にかけている（あるいはすでに死んでいる）企業が多すぎる。データを調整して不均衡を正すべきか。

普通はどれに対しても「ノー」とは言わないはずだ。このようなケースで生データを調整しないことは、問題のある情報を故意に広めるのと同じ。レストランのシェフが、腐った魚を黙って客に出すようなものだ。ビッグデータの世界にはこれまで以上に多くの仮定が必要であり、問題のある仮定をこれまで以上に減らさなければならない。

4 古き良き政治と統計

ありきたりのものがふと気になって、しばし考えた経験は誰でもあるだろう。たとえば、失業率のように、普段は意識しない数字がある。この数字はニュース番組の司会者を数週間ごとに一喜一憂させ、CNBCの投資情報番組のジム・クレイマーは興奮して放送中に椅子を投げるが、癇癪はせいぜい1日しか続かない。あなたも今この瞬間まで、失業率のことなど忘れていただろう。でも、しだいに疑問がわいてくる。この数字は本当に正しいのだろうか。ついこのあいだ、うちの会社でもオフィスに段ボールが積み上げられ、数人の同僚がすぐに建物から出ていくように宣告されたではないか。

大学の同級生を思い浮かべて、最近、仕事を失った人が多いことに驚かされるかもしれない。トムは電気の配線で困ったときは電話1本で来てくれていたが、最近は電話にも出ない。エイミーは本人に言わせると、自分から仕事を辞めたからクビには当たらないそうだ。隣家の息子のスティーブンは大学を卒業して戻ってきたが、まだ就職していない。あなたの周辺を見回すと、失業率は20%かそれ以上でもおかしくない。しかし労働統計局の発表によれば、先の大不況のどん底でも、失業率が10%を超えたことは一度もない。労働統計局の数字は1940年代から「正式」とされているが、あなたは政府の巧妙な策略ではないかと思っている……。

多くのアメリカ人が同じ疑問を抱いている。とくに、大統領選挙と連邦議会選挙が行われた2012年は、景気が――正確には、くすぶりつづける不満が――有権者の大多数に影響を与えるだろうという見方が広まった。失業率はかつてないほど注目され、議論された。大統領選候補の初めての討論会で、共和党のミット・ロムニーは次のような台詞で陰謀論者たちを煽った。「大統領、あなたはご自分の飛行機や屋敷を持つことはできますが、自分に都合のいい事実を持つことはできないのですよ」。ロムニーを支持するジャック・ウェルチ元ゼネラル・エレクトリック（GE）CEOは、ツイッターで140万人のフォロワーに挑発的なメッセージを送った。「ありえない雇用者数だ……シカゴのやつらはどんな手も使う……変更された数字で議論をしても意味がない」〔訳注：シカゴはバラク・オバマ大統領の地元〕。ちなみに、ウェルチは数万人に解雇を通告して巨額の富を築いた人物である。

データ操作をめぐる論争を煽るようなウェルチのツイートは、10月の第1金曜日に雇用統計が発表された5分後、討論会からは2日後に発信されたものだった。9月の失業率は7・8%で、前月から0・3ポイント改善。8%を下回ったのは2009年1月以来と、ほぼ4年ぶりだった。ウェルチの反射的なコメントは根拠のない非難として批判されるべきだが、役所の統計に不安を感じたことがない人がいるだろうか。

■**図表6-5 公式の失業率（U3失業率）**

失業率＝失業者／民間の労働力人口。縁辺労働者と求職意欲喪失者は失業者に含めない。
非自発的な非正規雇用者は雇用者に含む。

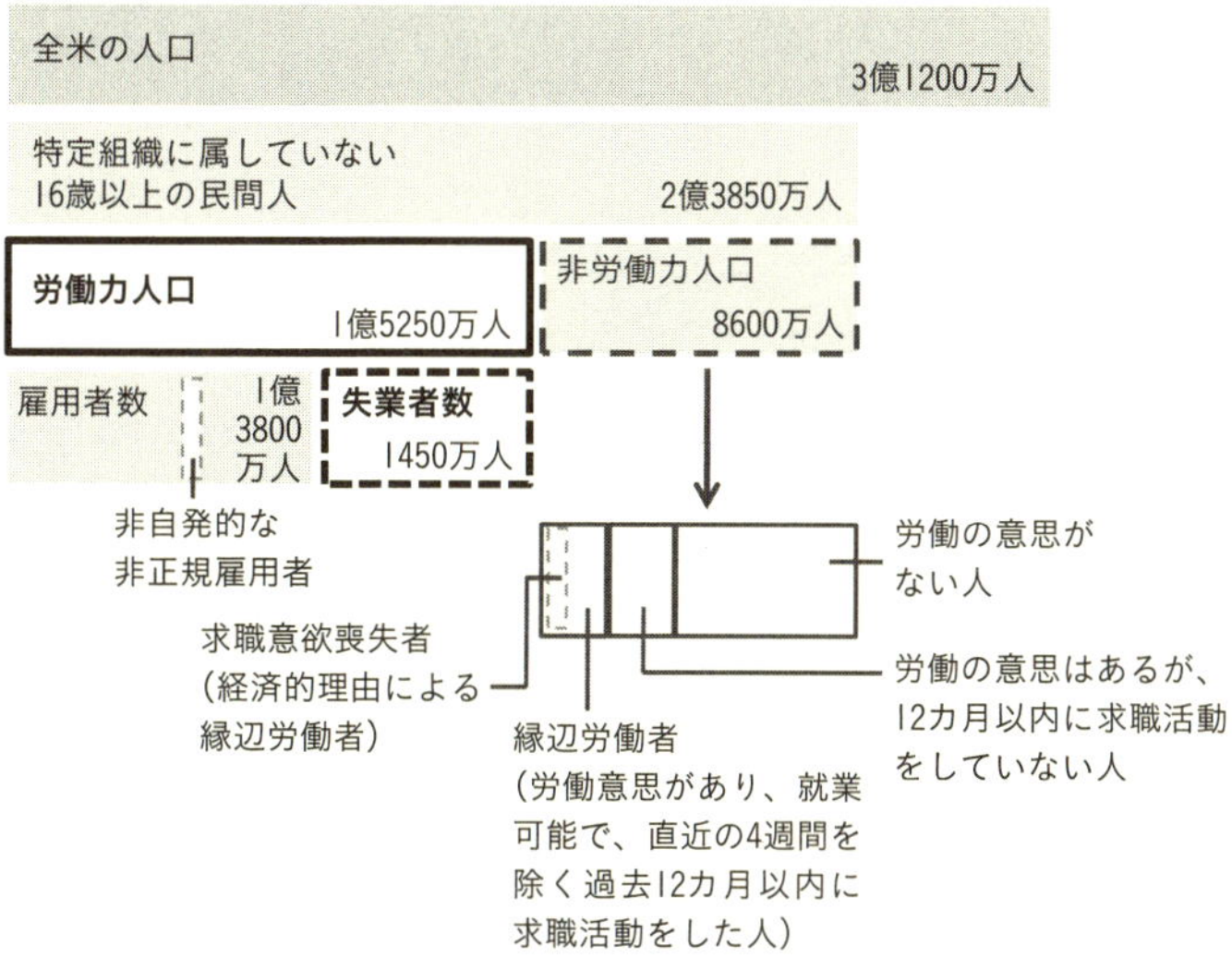

7・8％は、100人なら7・8人、1000人なら78人だ。1000人のうち78人が9月中は失業していた。つまり、9月9～15日の調査期間に1時間も働かなかったことになる。ただし、この厳密な解釈は、経済学の視点とは大きく異なる。経済学では、人口のすべてが就業可能とは考えない。労働力人口に含まれるのは、そもそも雇用されるか解雇される状態にある人々だ。雇用状況の定義はかなり複雑で、公式の失業率（**図表6-5**）のほかにも広義の失業率など複数のカテゴリーがある。

　仕事を失うと「雇用」から「非雇用」の状態になるというのが、一般的な感覚だ。しかし労働統計局の集計方法は異なる。たとえば、「労働力人口」ではない人が「雇用者」になると、失業率の計算式から除外される。これは、公式な統計が雇用不況の厳しさを過小評価しているように思える大きな理由でもある。

トムは20年間、公衆電話の修理工として働いていたが、公衆電話が街角から姿を消すとともに仕事が消滅した。今や専門的なスキルを持たない中年の労働者だ。そこで、新しいキャリアを求めてコミュニティカレッジの看護師コースに入学した。トムは現在、失業者なのだろうか。

エイミーは上司に、産休が明けても会社には戻らないと告げたばかりだ。マンハッタンの出版社で編集者として働いてきたエイミーは、仕事は大好きだが、生活のために働く必要はない。夫はヘッジファンドの花形トレーダーなのだ。子供は4人。そろそろ専業主婦になろうと思っている。エイミーは現在、失業者なのだろうか。

スティーブンは1年3カ月前にワシントン州のリベラルアーツ・カレッジを卒業した。専攻は哲学。最初は真剣に就職活動をしていた。就職情報サイトを調べ、数えきれないほど履歴書を送った。問題は面接だった。まわりは大学院を卒業した人や、5年間の社会経験がある人、経営者の知り合いなど、不公平な競争ばかりだった。打ちのめされ疲れきって、6週間前に就職活動を投げ出す。貯金が底をつくと、優しい両親は息子が使っていた部屋を片づけ、実家に帰ってこいと声をかけた。スティーブンは現在、失業者なのだろうか。

公式な統計では、トムもエイミーもスティーブンも「失業者」ではない。彼らは労働力人口から

■図表6-6 労働力人口と見なされない人が増えている

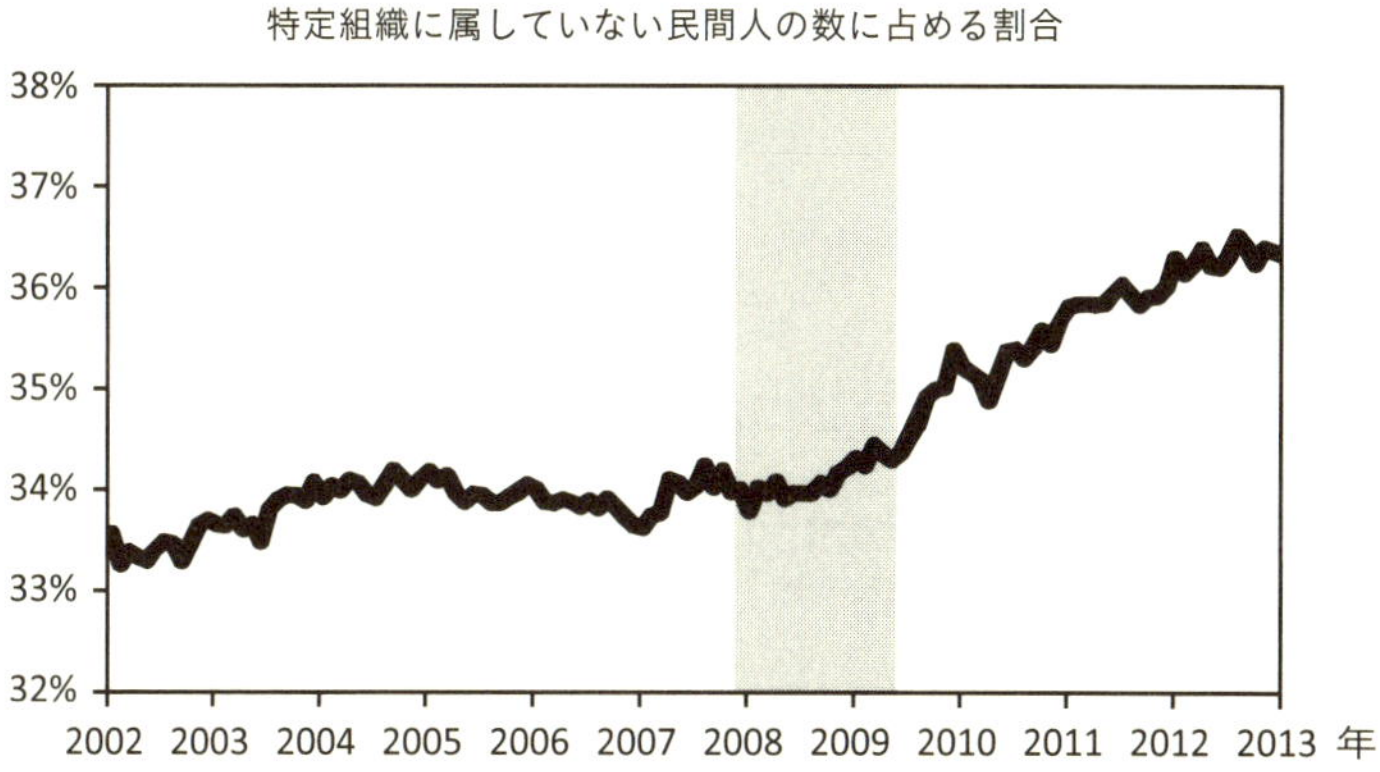

出典：FRED／セントルイス連邦準備銀行の経済データ集

除外されているのだ。トムは看護師の資格を得るまで「就業可能」と見なされない。エイミーは調査期間中に「労働意思がない」。スティーブンは、卒業後に（一度も就職していないが、統計上は）失業者として労働力人口に加わったが、求職活動を中断してから５週間後、失業者から求職意欲喪失者になった。労働意思があり、就業可能で、過去12カ月以内に求職活動をしていたが、直近の４週間、経済的理由から求職活動をしていない人だ。労働力人口から除外されたスティーブンの雇用状況は、失業率の計算に含まれない（**図表6-5**の「非労働力人口」の内訳を参照）。

２００７年の終わりに大不況に見舞われて以来、アメリカではトムやエイミー、スティーブンのような人が著しく増えている（**図表6-6**）。２０１２年12月には９０００万人近い成人が、公式な失業率（いわゆるＵ３失業率）の統計から除外された。「特定組織に属していない16歳以上の民間人」の36％以上が

■図表6-7 公式の失業率（U5失業率）

失業率＝失業者＋縁辺労働者／民間の労働力人口＋縁辺労働者。非自発的な非正規雇用は雇用者と見なす。求職意欲喪失者は失業者と見なす。

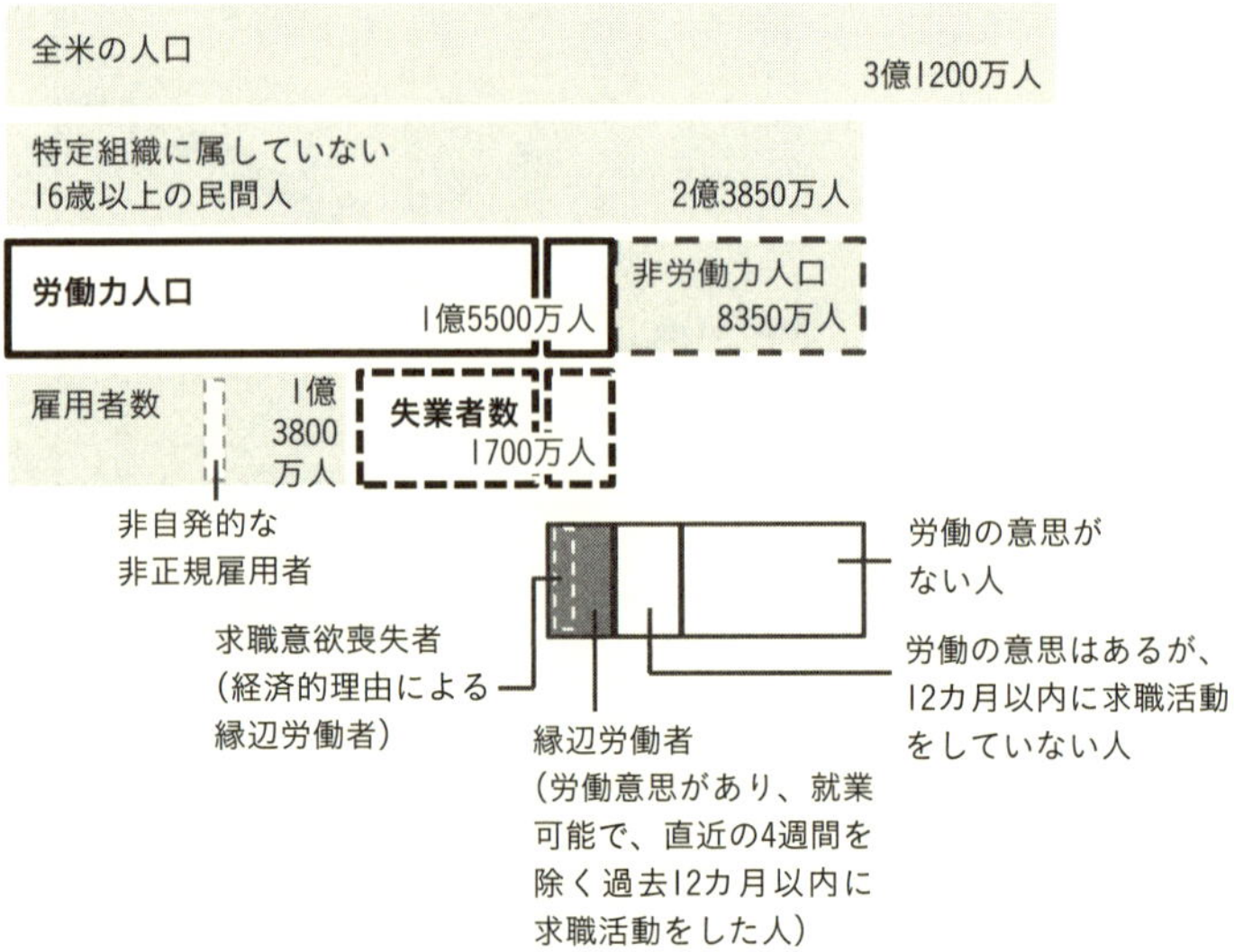

雇用可能な状態にないと、労働統計局は考えているのだ。

失業者数の数え方は実に複雑だ。仕事をしていない人は、すべて失業中なのだろうか。仕事をしたくないのかもしれない。旅に出るつもりかもしれない。無給で奉仕活動をしているのかもしれない。あるいは、働く意思はあるものの積極的に求職活動をしていない人は、失業中なのだろうか。1週間ずっと自己啓発本を読んでいて履歴書を1通も送らなくても求職中なのか。就職を見据えて習い事をしている最中なら？ 雇用状況の数え方は、一見するほど簡単ではない。失業や求職の定義は、人によって明らかに考え方が異なる。

■図表6-8 失業率（就業可能人口に対する割合）

失業率＝失業者＋非労働人口／民間の16歳以上の労働力人口。

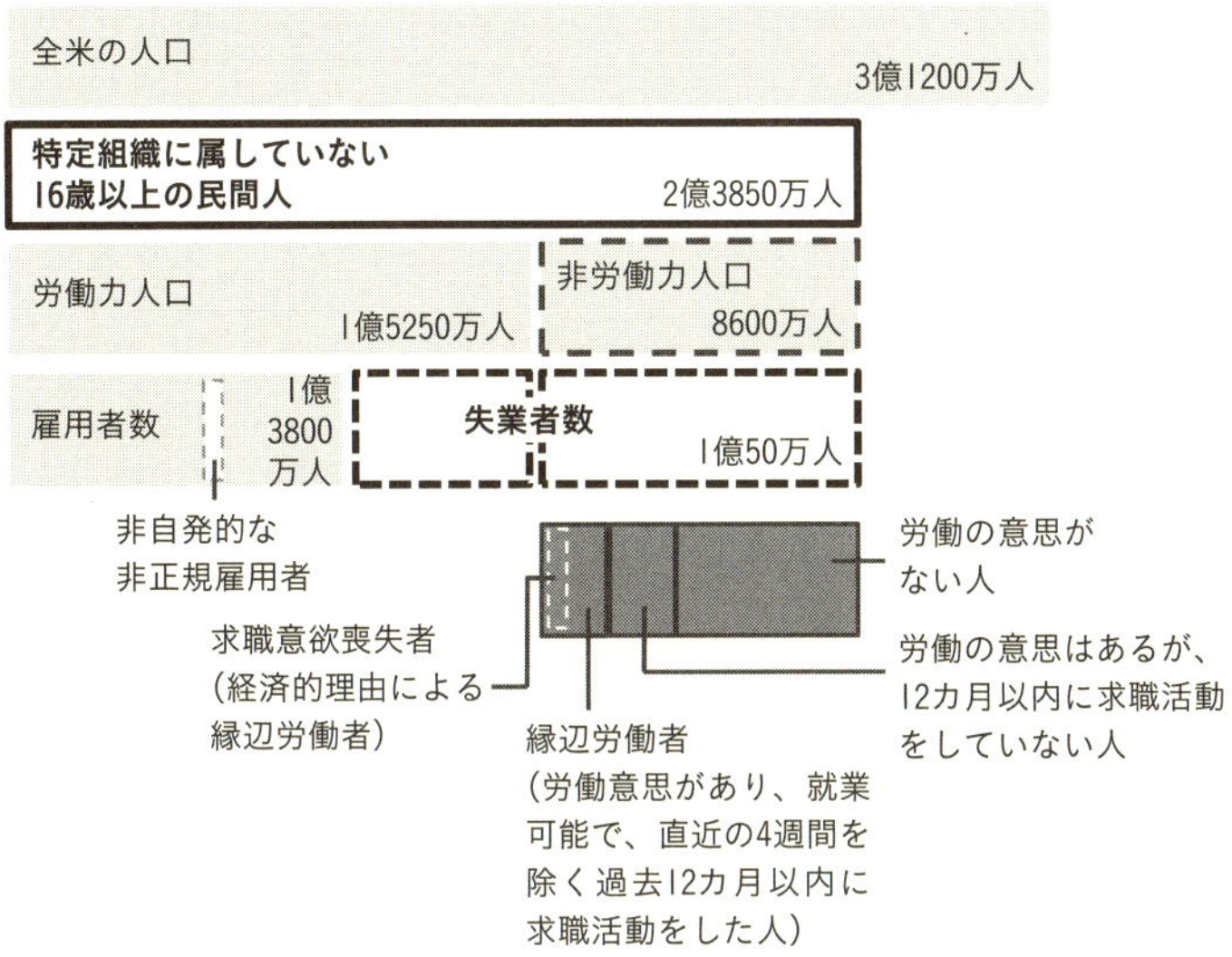

雇用状況の多面性を踏まえて、ジュリアス・シスキン元労働統計局長は1970年代に失業率の指標を考案した。現在、労働統計局はこれをもとに、U1からU6まで6種類の失業率を発表している。そのひとつU5失業率は、分母の労働力人口に縁辺労働者をプラスする（**図表6-7**）。大学を卒業して就職活動を続けていたスティーブンは、ここでは失業者の統計にカウントされる。

労働統計局の統計に関する厳密なルールの起源は1930年代後半にさかのぼる。明確に定義されたルールは、私たち一般の感覚ではすべてに同意しかねるとしても、粛々と適用される。労働統計局の統計学者は政治色に

■図表6-9 就業率（全人口に対する就業者の比率）

大不況の時期に急落したあとは底を這っている。

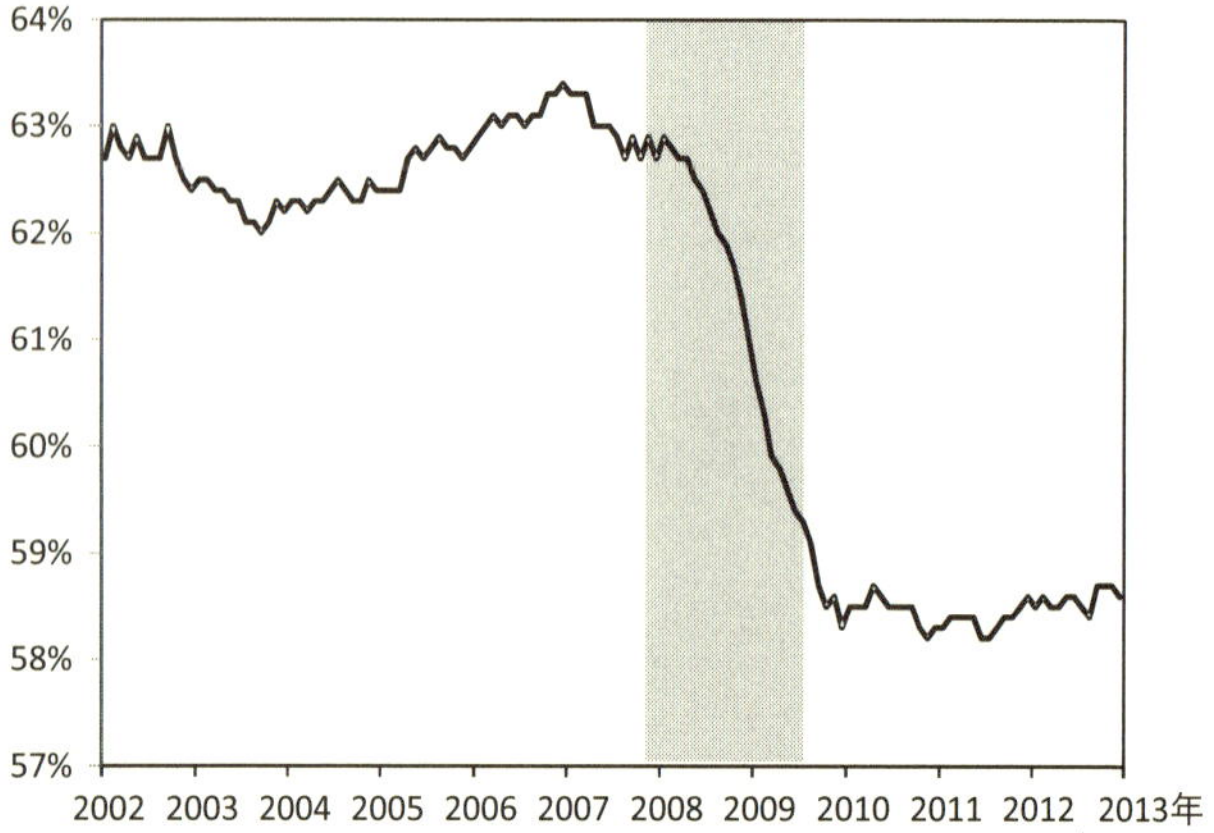

出典：FRED／セントルイス連邦準備銀行の経済データ集

染まっていると考える専門家でも、雇用統計を計算するプロセスに精通している人はほとんどいない。ジャック・ウェルチの発言が基本的に相手にされなかったのも、そのせいだろう。自分勝手な解釈で失業率を計算するアナリストはたくさんいる。

一般に、調査の回答者は気まぐれなものだ。ロースクールの卒業生の就職状況の調査でも正確なデータを集計できないことは、1章で説明したとおりだ。聞き取り調査で「自分は働きたくない」と答える人の真意は、どこにあるのだろう。8000万人ものアメリカ人が、給料を稼がなくても生活できるのだろうか。たとえば、すべての人が働きたいと思っている場合、失業者の定義は大幅に広がり、失業率は42%に達する（**図表6-8**）。

図表6-8の失業率の逆が就業率（全人口に

対する就業者の比率）だ。この指標のほうが、労働統計局が発表する6種類の失業率より有益だと考える経済学者もいる。全米の雇用状況の混乱をそのまま表しているからだ**（図表6-9）**。就業率は2010年代に入ってどん底まで落ち込み、這い上がれずにいる。U3失業率と合わせて考えると、公式の失業率は、求職中の人より「仕事を求めていない人」の数に関係がありそうだ。

とはいえ、これらの指標はどれも私たちを惑わす。就業率は大学を卒業したばかりの若者と引退生活を送る人を区別していないため、失業者を多く見積もりがちだ。さらに、エイミーのように働く必要に迫られていない人もいる。したがって、失業率が計算上ゼロになることはありえないし、あるはずがないとも考えられる。一方で、エイミーのように失業率の計算から除外された人が、公式の失業率を膨れ上がらせることもない。

5　コンピュータの想像の産物

2012年8月4日、政府の計量経済学者を敬意を込めて揶揄してきたニューヨーク・ポスト紙のジョン・クルーデルがついにさじを投げた。

ワシントンに不正の季節がやって来た。私は長年、労働省が毎月発表する雇用統計は、ひどく不正確だと思ってきた。あまりにひどくて、編纂する価値もないくらいだ。それでも数字が改ざんされていると思ったことはなかった──今までは。

クルーデルがあきれ返ったのは、いわゆる「起業・廃業モデル」と呼ばれる手法だ。格好の攻撃材料を手に入れたクルーデルは、「政府による詐欺行為のなかで最も犯罪に近い」「最上級のはぐらかし」「コンピュータの想像の産物」と書きたてた。起業あるいは廃業の届け出を、雇用の創出あるいは喪失と見なすこの手法は、「政府が存在を確認できない見せかけの雇用」を生み出す。たとえば、2011年5月の雇用者数（季節調整済み）は5万4000人増だったが、起業・廃業モデルがさらに20万6000人の雇用を追加した。

労働統計局は年2回、雇用賃金四半期調査（QCEW）をもとに事業所現況調査（CES）を調整したベンチマークを発表する。2000年以降ほとんどの年は、年間の雇用者数から10万～20万人分（0・1～0・2％）を加えるか差し引くかしている。クルーデルはこれを「うっかりミス」と茶化す。彼に言わせると、この調整は起業・廃業モデルによる調整を取り消しているのと同じだ。

しかし実際は、起業・廃業モデルによる調整によって、統計データはよりQCEWに近づく。このモデルを理解するためには、3章で説明した反事実的分析が必要だ。仮に起業・廃業モデルでデータを調整しなかった場合、ベンチマークの調整幅はどのくらい大きくなるだろうか。2008年に労働統計局のエコノミストが行った研究によると、2倍になる。

起業・廃業モデルは、選択バイアスの問題（サンプル抽出に伴う問題。「生データ」神話の項で挙げた三つ目のケースを参照）を解決するために考えられた。事業所現況調査は、調整を加えない場合、新興企業が創出する雇用を実際より少なく数える一方で、廃業によって消滅する雇用を実際より多く数える。起業や廃業に伴う雇用の増減が、雇用統計上は数えようがないことは、クルーデルの指摘どおりだ。労働統計局のモデルには、過去のデータにもとづく推測が組み込まれている。もっとも、これらの調整による変動も、雇用全体に対する比率で考えると小さく感じる。たとえば、２０１１年５月は１億３０００万人に対して０・１５％増えただけだ。

ナンバーセンスは、データをよく見ることから始まる。ただし、データをどのように収集したのか、複雑な詳細がわかるまで手を出してはいけない。調整も改ざんもされていない生のデータは、ほぼ間違いなく答えを生み出さないだろう。季節調整やバイアスの是正は、生データというサラダにかける応用統計学のドレッシングだ。

誰がどうやって物価の変動を見極めているのか？

1
2
3
4
5
6
7
8

いちばん最近スーパーで買い物をしたとき、レジで払った金額を覚えているだろうか？　買った品物の価格をひとつひとつ思い出せるだろうか？　牛乳は平均的な価格より高かったか、安かったか？　平均的な価格とは、その店のいつもの価格のことか、それとも近所の数軒の中央値か？　牛乳は今週のお買い得品だったか？　割引クーポンを持参して使ったか？　飲んだことのないジュースを買ったのは特別価格だったから？　いつも買うトロピカーナの代わりにオドワラを、ミニッツメイドの代わりにサニーDを買ったか？

あなたが平均的な買い物客なら、これらの質問になかなか答えられないだろう。値段を覚えているかと言われたらお手上げだ。

企業は昔から、私たちの「価格健忘症」をうまく利用している。1980年代後半にマーケティングを専門とするピーター・ディクソン教授とアラン・ソーヤー教授が、スーパーマーケットの大手チェーンと共同で、消費者が何かを購入してから30秒足らずで記憶があやふやになる過程を調べた。調査では、買い物客がコーヒーや歯磨き粉、マーガリンなど、目当ての商品をかごに入れた直後に質問をした。1ドルの謝礼を示すと、ほぼすべての人が回答に応じた。価格に敏感な消費者をより多くつかまえるために、調査は1月後半に実施した。年末年始の休みが終わり、家計を引き締める時期だからだ。人々は自分の買い物かごに入っている商品の価格を把握しているのだろうか。特別価格になっていることに気がついているだろうか。4店舗で約800人に話を聞いたところ、穏やかではない結果となった。

スーパーで棚の前に立った買い物客は、平均12秒で次の棚に移動するが、大多数の人は自分が棚から取ったばかりの商品の価格を正確に答えられなかった。正しい価格との誤差は平均15%。5人に1人は大まかな価格を推測することさえできなかった。特別価格に対する意識はさらに薄い。調査をしたスーパーは、新聞やテレビで盛んにセールを宣伝していた。店頭でも鮮やかな黄色の「お買い得」シールを、陳列棚の白黒の値札の横に貼っていた。それでも回答者の5人中3人が、自分の買い物かごに入っている商品が特別価格になっているかどうか、わからなかった。割引額を推測してもらったところ、答えることができた人も誤差は平均47%だった。

驚くばかりの結果だが、まだ続きがある。同じ商品を頻繁に買う人も、似たような記憶力だったのだ。調査ではさらに、1章でブランド認知度に関して言及した助成想起法に似た実験も行った。定価を思い出せなくても、割引後の価格を覚えていれば推測できるだろうと考えたのだ。そこで三つの選択肢から定価を選ばせたところ、正解率はわずか54%だった。

一連の研究は、近代経済学の根本に疑問を投げかけている。市場経済では、需要と供給に関するすべての要素を踏まえて価格が決まるとされる。生産者と消費者は、そのようにして決まった価格に反応するはずだ。消費者の半分が価格に対して明らかに注意を払っていないなら、経済学の大前提が間違っているのかもしれない。ディクソンとソーヤーはさらに、価格を意識する動機が強い消費者ほど正解率が高いだろうと予想した。しかし実際は、都市部の店で買い物をする人々のほうが、食料品の購入額を覚えていなかった。マーケティングの世界では以前から、現実と食い違う経済原理の多くを切り捨ててきた。最近は行動経済学者がこのような問題に取り組んでおり、彼らの洞察が経済学の現代化を進めるかもしれない。

続いて、店の経営者の立場で考えてみる。牛乳1パックの目標価格を4週間で3ドル50セントとする。4週間ずっと3ドル50セントに固定してもいいが、顧客の大多数はクーポンや割引が大好きだ。そこで、通常価格を3ドル60セントにして、4週間のあいだに1日だけ破格の1ドル50セントで売る。あるいは、通常価格が3ドル60セントのところ、1週間だけ3ドルの特別価格にする。三つの価格戦略はいずれも、4週間の平均価格は3ドル50セントになる。では、店の収入が最も多い戦略はどれか。その答えは、割引に顧客がどのように反応するかによって決まる。つまり、顧客が価格をどのような基準で判断するかだ。たとえば次のような可能性が考えられる。

- **手に入れやすさ　最初に思いついたものを選ぶ。行動経済学と心理学の先駆者として知られるダニエル・カーネマンと共同研究者の故エイモス・トベルスキーが提唱している**
- **新近性　いちばん最近、目にした価格に影響される**
- **頻度　最も頻繁に見る価格を覚えている**
- **平均　頭のなかに平均価格のイメージがあり、数字の並びを見て直感的に平均的な価値を理解する**
- **中央値　頭のなかに中央値のイメージがあり、極端な価格を自動的に却下する**

・極端さ　極端に大きい、あるいは小さい数字に惑わされる
・損失　値上がりを経済的な損失と見なし、過剰な注意を払う
・数の多さ　割引額は1回の支払い分ではなく細かく分割されているほうが、よりよい条件に感じる

顧客が価格をどのように認知するかについて、決定的な研究はまだない。誰もが同じパターンで判断するかどうかも、明らかになっていない。判断の基準は買い物の種類によっても異なるだろう。暖房器具やオーブンなど頻繁に買い換えない耐久消費財は、頻度や平均、中央値、数の多さはあまり関係がなさそうだ。高額な商品と安い商品を同じように考えるわけにはいかない。おそらく、手に入れやすさが最も包括的だろう。ほかの基準はいずれも、その価格が「手に入れやすい」かどうかを判断する基準になる。

1　見えるものと見えないもの

物価はどのくらい上昇しているかという質問は、意見が尽きることはない。すぐに思い浮かばない人は、母親か、あなたの家で財布を握る人に聞けばいい。私の母親は目の肥えた客で、お買い得情報に敏感だ。どの商品をどの店で買えばいいか、ウィンドウショッピングで我慢するべき季節と

実際に買うべき季節はいつか、どのクーポンを組み合わせるか、一定率の値引きサービスと金額の値引きサービスをどのように使い分けるか。買い物のことは母に訊くことにしている。卵やパンがいつもより高ければ、母はすぐに気がつく。果物や野菜の価格は、母が暮らす農業王国のカリフォルニアではあまり変わらないが、特価品はとくに変動が小さい。コーヒーは間違いなく大幅に値上がりしているそうだ。政治家が橋の通行料を値上げするから輸送量がかさむのよ、と母はこぼしていた。

ミシガン大学のサーベイ・リサーチ・センターは30年以上にわたり、人々にある質問を繰り返してきた――「今後12カ月間に、物価は平均で何%上昇する、あるいは下降すると思いますか?」。回答は「期待インフレ率」として編集され、商務省はこの指数を含む11の要素を使って「景気先行指数」を発表する。2008年前半の回答者のうち、中央に位置する人は物価が1年間で5%上昇すると予想した。もちろん、個々の回答はあらゆる範囲に分布していた。たとえば、2008年7月の回答者の4分の1は、1年後の物価上昇率を10~20%と考えていた。ちょうどこのころ、公式のインフレ率――消費者物価指数（CPI）――が報道される。この年は約2・5%だった。

物価に対する消費者の反応は、経済学の理論のよりどころとなるだけでなく、政府も労働統計局が算出するインフレ率をもとにさまざまな社会支出プログラムを立案する。物価の安定の確保は、連邦準備制度の目的のひとつとして定められている。これほど重要で、適切性が求められるにもかかわらず、消費者の反応はかなり多様で専門家を悩ませている。消費者物価指数の大きな謎は、人々が感じる価格変動と、公式のインフレ率がかけ離れていることだ。

物価はどのくらい上昇しているのか？　そう聞かれて、どのような支出を思い浮かべるだろうか。食料品やトイレットペーパーなど定期的に買うものか。テレビやソファのように高額で特別な出費か。あるいは家賃や学費だろうか。自分が払った金額はもちろん、その価格がどのように推移してきたか、自信を持って答えられるだろうか。消費者物価指数を悩ましいものにする要素のひとつは、私たちが日々の出費に不注意なことだ。

2　平均化されたくない

人間の脳は、記憶や直感で値段を推測するのが苦手だ。しかし鉛筆と紙があれば、あなたの「個人インフレ率」を計算できる。

まず、過去2年間の支出をすべて書き出す。品物やサービスの購入、会員などの更新料のほか、偶発的な支払いもある。給料から天引きされる保険料やローンの返済、商品券で買ったものは、なかなか思い出せないだろう。バーゲンや値引きは厄介だし、返金や価格調整は記憶があやふやだ。少額の出費は音もなくかさんでいく。スターバックスで1日2杯を1年間続ければ、平均的な家賃（804ドル）1カ月分以上になる。

続いて、書き出した支出を分類する。食費、光熱費、通信費などの項目別に仕分けていくと、年間の内訳は今年と昨年でほぼ一致するだろう。支出の内訳が大きく違う場合、結婚や出産、転居など人生の大きなイベントがあった可能性が高いが、その場合は通常のインフレ率の概念は意味がない。インフレとは、一般に、生活の安定した質を維持するためのコストが増えることだ。たとえば、出世して生活が贅沢になり、ホール・フーズで高価な有機食品を買って、コロラドの山腹に別荘を建てるかもしれない。その結果、世帯の出費が増えた場合は、物価の上昇がインフレを意味するという通常の感覚とは相いれない。

あなたの個人インフレ率を、1年前を基準に考えてみよう。典型的な「買い物かご（バスケット）〔訳注：家計が消費するモノとサービスの組み合わせ〕」の中身は**図表7-1**のとおりだ。

同じ買い物かごが、翌年はいくらになるか。ワンダー・ブレッドやベン・アンド・ジェリーのアイスなど、あなたにとって定番の商品は2年とも買っているから、価格の差はすぐにわかるだろう。ただし、メーカーは事実上の値上げを巧妙に隠す。スキッピー・ピーナツバターの容器の底に指で触れてみよう。数年前にスキッピーは底を丸く盛り上げ、内容量を約10%減らした。いつもと違う店に足を伸ばしても、以前とまったく同じ商品は見つからないだろう。クッキーを食べる量は年間3キロで変わらなくても、昨年のフィグ・ニュートンと今年のペパリッジファーム・ミラノは違う商品だ。チップス・アホイは、近所のベーカリーのチョコレートチップ・クッキーとは違う。自動販売機で買ったオレオは、コストコのオレオと価格が違う。昨年と今年でまったく同じ商品を買ったのでなければ、正確な集計のために、昨年買った商品の現在の価格を調べなければならない。

■図表7-1「買い物かご」の例――消費者支出

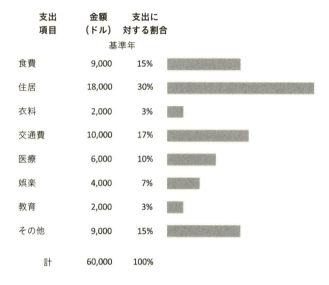

支出項目	金額（ドル）基準年	支出に対する割合
食費	9,000	15%
住居	18,000	30%
衣料	2,000	3%
交通費	10,000	17%
医療	6,000	10%
娯楽	4,000	7%
教育	2,000	3%
その他	9,000	15%
計	60,000	100%

あまりに面倒だと思うかもしれないが、ケーブルテレビの契約はさらに複雑だ。今年もまた料金が上がった。基本パックが10チャンネル増えたらしい。そのうち3チャンネルはスペイン語放送で、あなたはスペイン語が話せない。ひとつは料理チャンネル。既にあるフード・チャンネルの姉妹版で、「より本質的で、エッジのきいたヒッピーな」内容らしいが、これがテレビ番組の褒め言葉なのだろうか。唯一、昔の映画を流すチャンネルはほんの少し興味をそそられるが。新しく追加されたチャンネルは人気番組の高解像度のコピーか、地上波でやっている番組の高解像度のコピーにすぎない。料金の値上げに、物価の上昇分はどのくらい含まれるのだろう。番組が増えたことと内容がよくなった分として、正当化

できるのはどの程度か。それぞれのチャンネルの価値はパック料金にどのように反映されているのだろうか。

価格の変動をたどるのは大変な作業だが、幸い、労働統計局が肩代わりしてくれる。労働統計局は各種の価格指数を発表している。「買い物かご」のうち30%が外食費なら、自分が住んでいる地域の「都市部消費者物価指数／外食」を参照する。この指数は、外食費が1年間でどのくらい変動したかの目安になる。あなた個人の消費者物価指数は、それぞれの支出項目の物価指数の加重平均(項目の相対的な重みを加えた平均)だ。

ここまでのプロセスが、労働統計局が消費者物価指数を算出する手順の90%の概略になる。データ集計の専門家の大きな武器は、商品の包装の変更や品質の改善、割引など、価格データの集計に関する問題を解決するルールが決まっていることだ。全米の都市部に暮らす1億4００万世帯をひとつの数字で表すのだから、「平均的なアメリカ人」の感覚と私たちが感じるインフレ率が異なるのは当然だ。その差は、消費者物価指数を複雑にする二つ目の要素でもある。

ところで、平均的なアメリカ人とは誰のことだろう。前著『ヤバい統計学』でも説明したとおり、全米50州をくまなく訪ね歩いても、「米国統計年鑑」に登場する平均的なアメリカ人とそっくり同じ振る舞いをする人には会えない。平均は、誰にでもあてはまるようで、しかし誰も平均ではない。連邦政府は国全体の利益になる行動を取るために、平均的なインフレ率を注視する。消費者物価指数は私たちの個人的な経験を反映していると考えがちだが、そうではないし、そうなるはずがない。

平均の概念が、そもそも個人を反映するために生まれたわけではないのだ。

インフレ率の計算に話を戻そう。労働統計局は集計したデータをどのように平均化するのだろうか。全米のすべての世帯の家計を、ひとつひとつ監査することは不可能だ。消費者物価指数は複数の調査から算出される。調査に回答するのは都市部の居住者だけだが、都市部で全人口の80%をカバーしている（あなたが地方に住んでいるなら、あなたの経験はインフレ率に反映されない）。

回答が集まったら、家計の支出に関する回答が統合され、項目別の重みが加味されて「買い物かご」の中身が決まる。菜食主義者は家で食事をすることが多く、肉好きで糖質制限ダイエットをしていて、家で料理をしたことがない人とは、食費の内訳も金額もまるで違う。しかし、全員の回答を混ぜ合わせると、それぞれが平均的なアメリカ人の一部となる。平均的なアメリカ人は、あらゆるものを少しずつ消費する。同じように、ほとんどの人は賃貸暮らしか持ち家のどちらかだが、平均的なアメリカ人は家賃を払いつつ持ち家に暮らしている。

続いて、買い物かごの中身を見ていこう。労働統計局は買い物かごの中身を200のグループに分類する。卵もひとつのグループだ。店で卵を買うときは、卵のサイズや品質、店の場所やチェーンによって価格が異なる。クーポンや天候、燃料費などの不確定要素もある。労働統計局は一連の調査から、平均的なアメリカ人がどのような卵を、どのような店で買うかを決める。現地調査員が毎月、サンプルの店を訪れて実勢価格を調べるのだ。卵の場合、ひとつの大都市で10～15件、小さめの都市で約5件の価格を集める。実勢価格は、たとえば次のような情報として集計する。

卵ーパック／ルサーン（ブランド名）／セーフウェイ（カリフォルニア州サンノゼ、ベリッサ通り）／2ドル49セント

調査員は店で販売されている全種類の卵から、売れ行き順にいくつかを選び、価格の平均を計算する。対象となる種類は1カ月か2カ月おきに変え、店舗は3カ月ごとに変える。

このようにして求めた平均価格は、あなたが実際に払う金額とどのくらい差があるだろうか。地元の直売所で買う人や放し飼いの鶏の卵しか食べない人は、金額が違うだろう。6個入りの小パックは1個あたりの単価が上がる。中西部の店は平均価格より安いが、卵アレルギー専用の卵はかなり高い。労働統計局が発表するひとつの価格が、すべての人の経験と合うことはありえない。

公式発表される消費者物価指数は、苦労して集めた無数の詳細を総合したものだ。ひとつの買い物かごに200以上の商品が入っていて、全米38の地域ごとに買い物かごが作られる。基本的な指数は、地域や支出項目の組み合わせを変えて8000種類以上。そこから地域や項目別の指数、さまざまな総額指数を計算する。

ビッグデータの世界には、数えきれないほどの指数がある。政策立案者は消費者支出の多様なパターンを反映させて、より洗練された経済政策をつくらなければならない。何にでもあてはまる万能の政策などありえない。一方で、誰でも自分のインフレ率を計算できるが、公式の消費者物価指

数とは一致しない。公式の指数はあくまでも統計的な平均だ。平均の値そのものを気にするのではなく、平均との差に注目する必要がある。平均との差には、かなり有益な情報が詰まっている。私たちの消費傾向が、平均的なアメリカ人とどのように違うのかを教えてくれるのだから。

3 コア・インフレ率

ここまで説明してきたとおり、消費者物価指数を厄介なものにするひとつの要因は、自分が何にいくら払ったかを把握していないことだ。そして、仮にあなたが正確な価格を覚えていても、データとして統合された数字には、無数の人の個々の経験は反映されていない。平均化を嫌うばらつきは、消費者物価指数を悩ますもうひとつの要因でもある。統計の神様に屈せず、あなた自身が「平均人」になったとしても、あなたのインフレ率は公式の統計とは一致しないだろう。どうやら私たちは、政府に助言をする経済学者とは異なる世界に生きているようだ。

1970年代以降、経済学の重鎮はアメリカの政策決定者に「コア・インフレ率」の概念を売り込んでいる。前項で説明した指数は総合インフレ率で、「ヘッドライン・インフレ率」とも呼ばれるとおり、新聞の見出しとしてはわかりやすいが専門家には物足りない。コア・インフレ率は、物価の基本的な変化を把握するために変動の大きな品目を除いた物価上昇率で、アメリカでは食料品とエネルギーを除いた消費者物価指数が「コア」とされる〔訳注：日本では生鮮食料品を除いて算出〕。

1977年に労働統計局がこの指数を初めて発表した際は、「食料品とエネルギーを除く消費者物価指数」と記されていた。

「コア」という言葉にはいくつか意味がある。

- **中心部、基礎となる部分**
- **基本的、本質的、永続的な部分**
- **本質的な意味**
- **最も深い部分、最も本質にかかわる部分**

経済学者が「コア」という形容詞をつけるのは、「基礎となる」「本質的な」という意味のようだ。彼らは「コア・インフレ率」が、全国の一般的な価格の長期的な傾向をより正確に表すと主張する。食料品とエネルギーの価格は乱高下しやすく、物価の基本的な変化をとらえるのに邪魔になる。ただし、そう言われると、ナンバーセンス的には額面どおりに受け入れるわけにはいかない。

図表7-2を見ればわかるように、食料品とエネルギーの出費を無視すると驚くような結果が表れる。このような統計処理は「フィルタリング」として知られている。グラフ上で2本の線が繰り広げる物語をたどってみよう。コア・インフレ率（点線）を見ると、2007年1月から2012年10月にかけて、アメリカ経済は少なくとも商品とサービスの価格に関しては順調に推移している。

■図表7-2 コア・インフレ率（点線）とヘッドライン・インフレ率（実線）

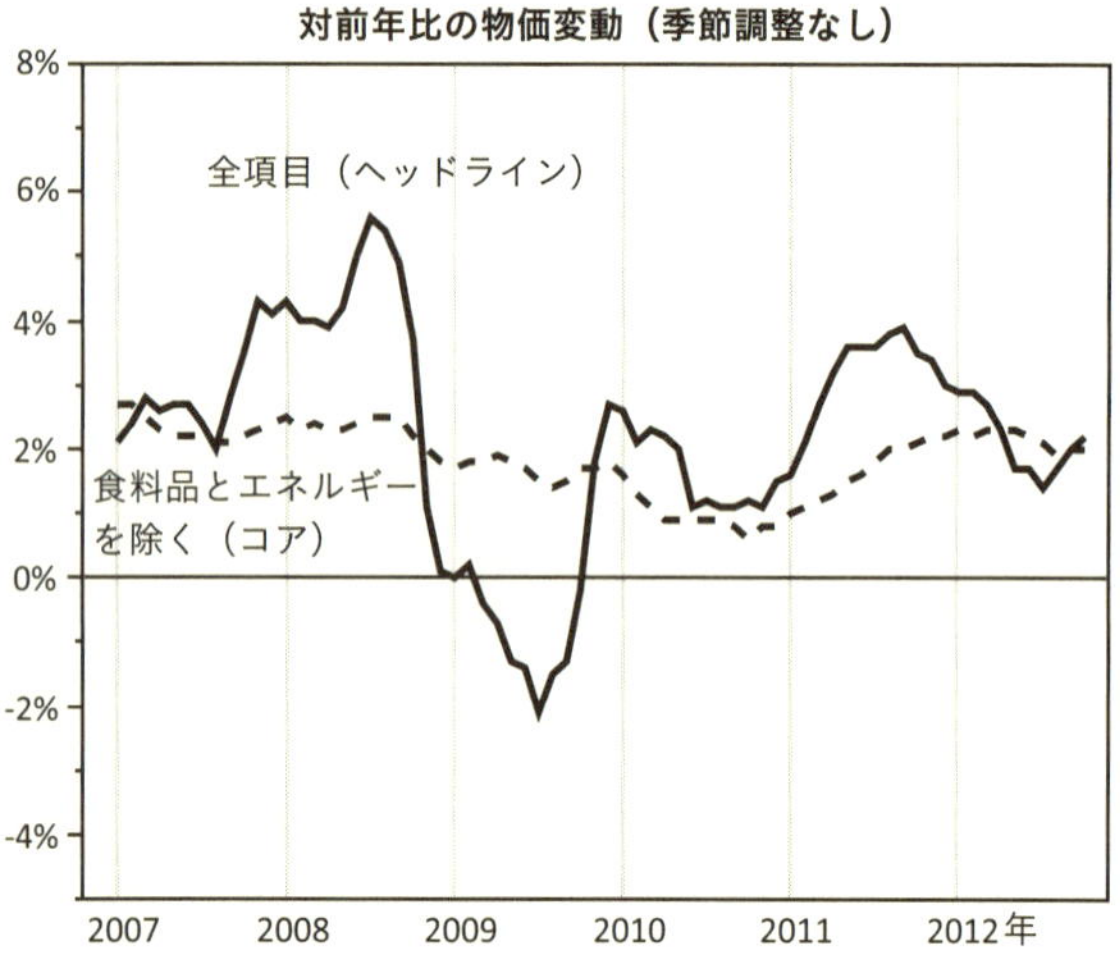

インフレ率は、年間1～3%の小幅な変動はあるものの安定している。価格が上昇していないという意味ではなく、価格の変動が安定しているのだ。ところがヘッドライン・インフレ率を見ると――まるで違う世界の話ではないか！　食料品もエネルギーも含むすべての出費の価格が、2008年の前半に年4～5%のペースで上昇しているのだ。その後は約1年間、2009年の半ばまで急激に下がる。そのあたりでひと息ついてから、ゆっくりと、たどたどしく回復する。この激しい変動は、コア・インフレ率のグラフからは消えている。

2007年からの5年間に、アメリカ経済に何が起きたか思い出してみよう。**図表6-3**を見れば、この期間の失業率もわかる。コア・インフレ率とヘッドライン・インフレ率

■図表7-3 消費者支出の主な項目

グループA	グループB
肉、魚、卵	家賃、住宅関連費
シリアル、ベーカリー類	車
果物、野菜	健康保険
乳製品	衣料
外食	教育費
電気代	
灯油などの燃料	
ガソリン、エンジンオイル	

の物語のどちらが、現実の経済を反映しているだろうか。

航空機のパイロットが悪天候のなかでアメリカ大陸を横断し、無事に目的地の空港に着陸したとしよう。客室乗務員は定刻通りの到着ですと、淡々と機内アナウンスをする。乗客にしてみれば、旅の記憶は乱気流と激しい揺れの連続で、座席にしがみつき、愛する人と手を握り合い、コップに残ったジュースがこぼれないかとはらはらしていた。ここに、消費者物価指数の三つ目の厄介な問題がある。経済学者はパイロットのように考え、私たちは乗客のように感じるのだ。

図表7-3は、消費者物価指数に含まれる主な品目を二つのグループに分けたものだ。いつ、どこで、どのように支払ったかに注目すると、二つのグループの購入パターンの違いが見えてくる。

グループAは頻繁な支出だ。1週間のあいだに食料品やガソリン代をいっさい払わないことは、めったにないだろう。料理をしなくても外食はする。誰もがいつも何かを充電している。それに対し、グループBの項目はたまにしか支払わない。一度引っ越したら家賃は固定され、しばらく見直そうとも思わないだろう。車や家は生涯で数えるほどしか買わない。したがって、普段はグループAの支出を中心に考える。物価について質問されたら、食料品やガソリンの価格を思い浮かべるのだ。これが「手に入れやすさ」だ。経済学者と違って、ほとんどの人は食料品とエネルギーを「コアな」支出と見なす。私たちが生きていくための「基礎」であり「本質」だ。年間支出の平均で4分の1を、食料品とエネルギーが占める。

それにもかかわらず、経済学者はグループAの項目は役に立たないと役人を説き伏せる。それどころか重要度の係数をゼロとする。このとき彼らは、グループAとBを私たちとは違う視点から見ているのだ。すなわち、グループBはコア・インフレ率を決める主な支出で、グループAはコア・インフレ率には影響を及ぼさない支出だ。このようなフィルタリングは当然ながら、「コア」消費者物価指数と、食料品とエネルギーの価格の相関関係を弱めることになる。公式のインフレ率の数字が、消費者の日常的な経験と矛盾するという不均衡を、専門家はほとんど口にしない。

4　掘って、掘って、掘りまくれ

食料品とエネルギーの価格はせわしなく変動するから役に立たないと主張する経済学者には、ぜ

■図表7-4　食料品とエネルギーの消費者物価指数（全品目の消費者物価指数と比較）

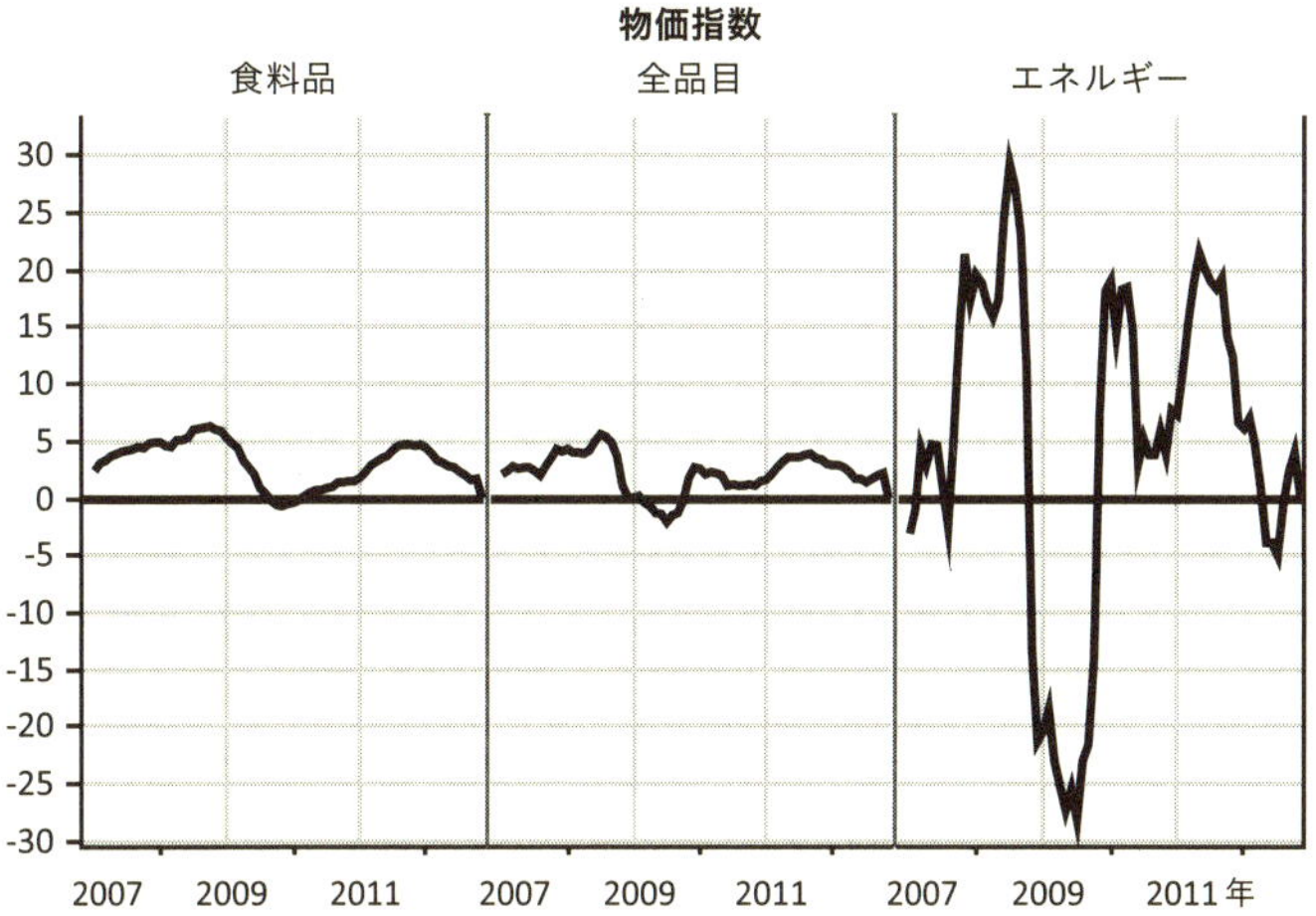

ひ**図表7-4**を見てもらいたい。グラフの左側を指させば、彼らは急にそわそわするだろう。

食料品の消費者物価指数は予想外の変動を繰り返すと思われてきたが、近年のデータを見るとそうでもない。実際、食料品の価格は全項目の消費者物価指数と歩調を合わせて推移している。最近では、急旋回の不安がつきまとうのはエネルギーの価格だけだ。この傾向に注目した専門家は、加工品と外食が増え、とくに外食は価格が安定しているから、ばらつきがならされていると考えた。

食料品の消費者物価指数が安定していることは有益であり、食の専門家はこの傾向を維持したいと考える。数字を見ればすぐにわかる傾向だが、コア・インフレ率ばかり気にしていると見過ごしがちだ。コア・インフレ率を提唱する経済学者は、食料品の価格もその安定も、まとめてゴミ箱に放り込む。

統計学者はデータを無視することを嫌う。問題のあるデータは切り捨てるときもあるが、ばらつきが多すぎるからダメだとはならない。たとえば、あなたはハンドメイドの革靴工場で品質管理を担当しているとしよう。靴によって色が違うのはまったく問題がない。品質の高い牛革の特徴として歓迎されるくらいだ。しかし、器具の先端で引っかき傷がついた靴は不合格となる。労働統計局がコア・インフレ率を「食料品とエネルギーを除く全品目」と定義するのは、データの専門家として、根拠のないデータクレンジング〔訳注：生のデータを解析用に整理すること。データ洗浄〕に賛成できないのだろう。

価格によって変動が異なることは、経済学者もわかっている。彼らの間違いは、この有意義な特徴を、見えないところに押しのけたことだ。このようなときに、統計学者は「非集計」の手法を使う。データを分解し、構成要素をひとつひとつ分析していくのだ。前著『ヤバい統計学』で紹介したように、SAT（大学進学適性試験）の作成と保険商品の設計はこの手法を使っている。インフレ率を算出する統計学者も似たようなアプローチを取る。

毎月の物価指数が発表されると、全米のメディアがコア・インフレ率とヘッドライン・インフレ率に一喜一憂するが、労働統計局は同時に非集計の価格指数も公表している。食料品やエネルギーなど、消費者物価指数を構成するあらゆる支出項目の指数が大量に公表されるのだ。卵や家具、ケーブルテレビの契約料など思いつきそうな項目はほぼすべて、インフレ率がわかる。地域別の指数や、

■図表7-5 食料品の価格の推移（2008年以降）——卵、牛乳

いずれも2009年半ばまでに20％近く下落した後、2012年後半に2008年の水準まで回復している。

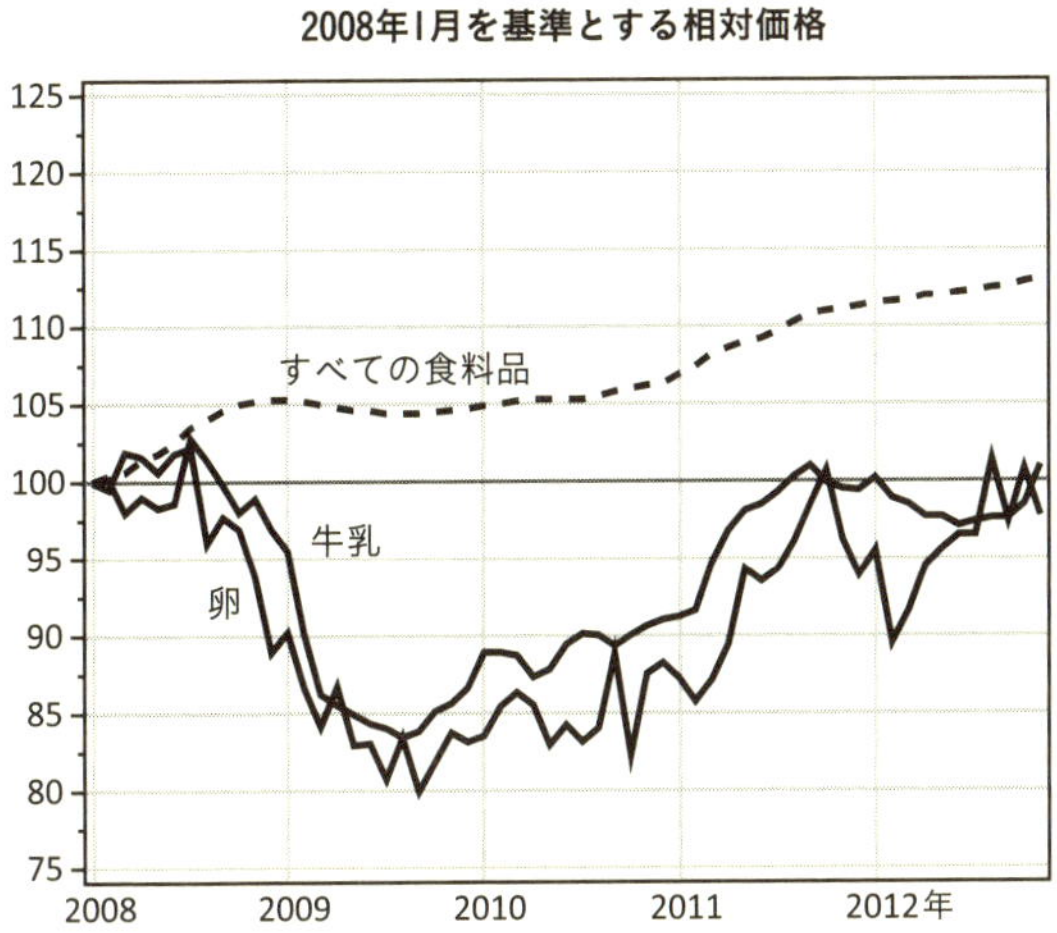

高齢者特有の消費パターンに合わせた実験的な指数もある。

労働統計局はデータの鉱脈を差し出し、「掘って、掘って、掘りまくれ！」と私たちにはっぱをかけている〔訳注：2008年の米大統領選で共和党のサラ・ペイリン候補が「石油を掘りまくれ！（Drill, Baby, Drill!）」と海洋油田開発を推進した〕。私もさっそく、食料品の価格に関する母の観察を検証した。食料品の価格は、すべての食品群が同じ条件ではない。食料品全体の消費者物価指数のグラフはほぼ平坦だが、詳細に見ると品目によって著しい違いがある（**図表7-4、7-5、7-6、7-7**を参照）。たとえば、卵と牛乳は2009年半ばから2011年半ばにかけて20％も値上がりしている。一方

■図表7-6 食料品の価格の推移（2008年以降）――果物、野菜

果実・野菜加工品の価格は20％上昇しているが、生鮮品の価格は比較的安定している。

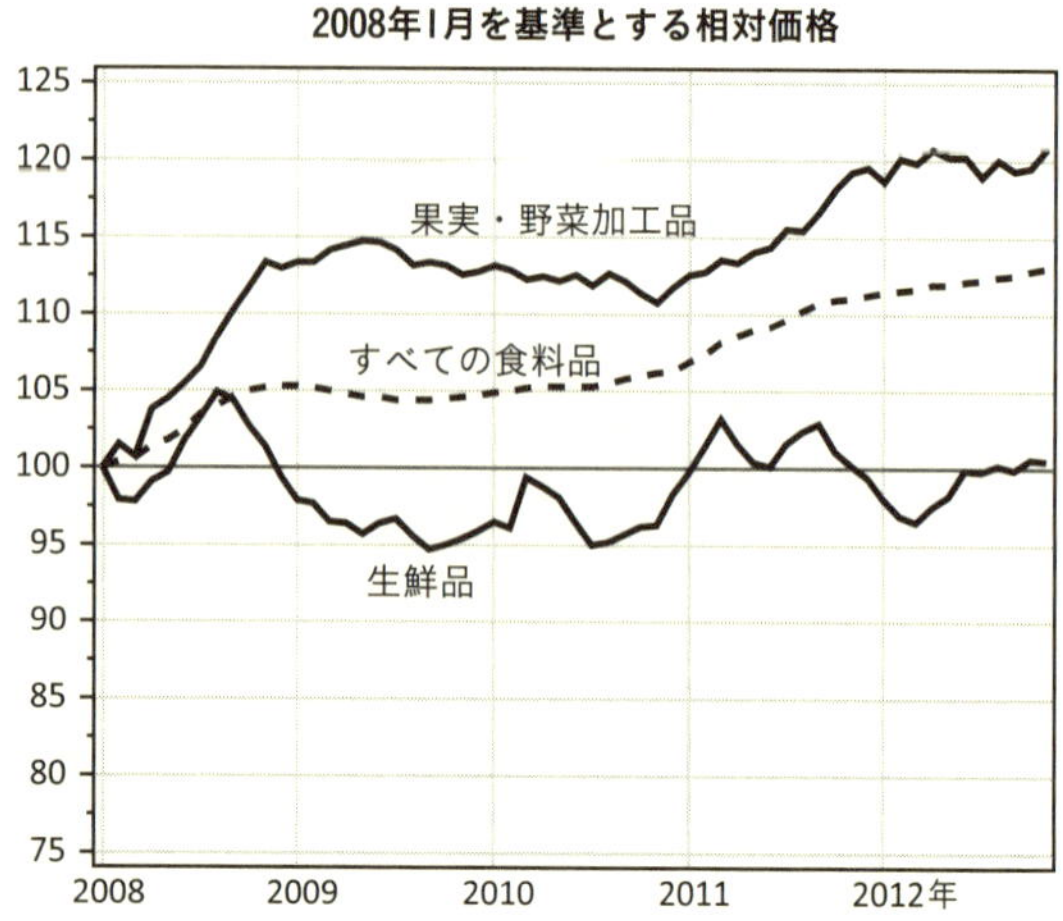

で２０１２年後半になると、卵と牛乳は２００８年初頭と同じ価格で売られていた。最近の値上がりは基本的に、大不況の時期に落ち込んだ反動だ。

野菜と果物はどうか。母が暮らすカリフォルニア州は野菜と果物の供給が豊富で、品質はとびきり良く、値段も実に手ごろだ。データによると、この傾向はカリフォルニアだけではない。生鮮品の価格は全国的に、景気の変動に関係なく安定した動きを見せている。平均価格も２０１２年には２００８年前半の水準にほぼ戻った。それに対し、野菜・果物加工品は２００８年から20％値上がりしている。

コーヒーの消費者物価指数は、愛飲者の嘆きを裏づけている。コーヒーの価格は上昇の一途をたどり、12カ月強でカフェイン

■図表7-7 食料品の価格の推移（2008年以降）——コーヒー、ベーカリー類

コーヒーは2010年半ばから2012年にかけて25％値上がりしたが、それ以降は下がっている。ベーカリー類は2008年前半に急激に値上がりしたが、それ以降は食料品全体の指数の動きとほぼ一致している。

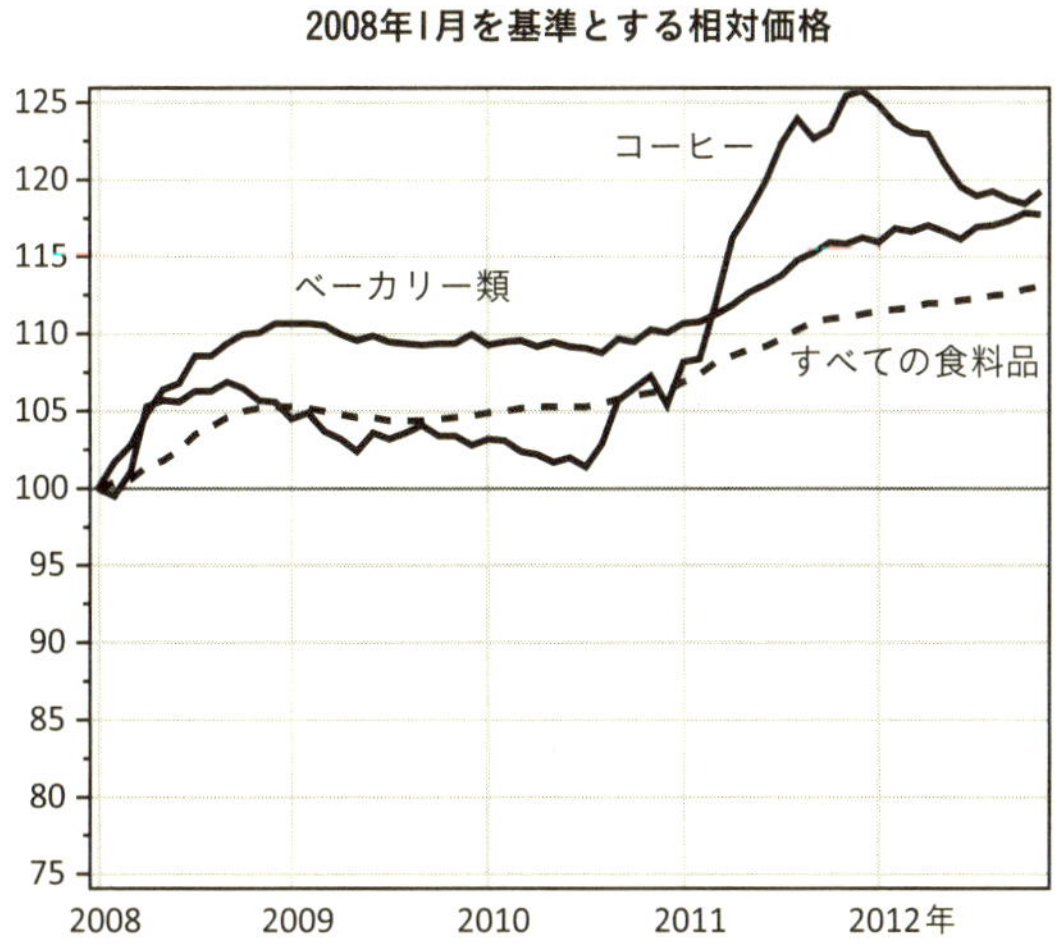

中毒患者の薬代は25％以上、値上がりしている。

インフレ率が10～20％という調査回答者の感覚は、あながち間違ってはいない。コーヒーや牛乳、卵など、頻繁に買うものをもとに判断した人もいるだろう。一方で、衣料や家具など、価格が下がっている項目は意識していないようだ。

消費者物価指数の統計は、いわばロシアのマトリョーシカ人形だ。すべての項目をまとめた総合指数を分解すると食料品全体の指数が表れ、それを6対4に分けると「内食」指数と「外食」指数になる。内食指数はさらに細かく分かれる（次のページの右から重要度が高い順）。

- 肉、魚
- 野菜、果物
- シリアル、ベーカリー類
- ノンアルコール飲料
- 乳製品、関連製品
- 砂糖、甘味類
- 油脂
- 卵
- その他

蓋を開けるたびに違う値が出てくる。そうでなければ、マトリョーシカの楽しみも半減だ。統計において総計を強調しすぎることは、マトリョーシカの中間の人形のおなかを接着剤でくっつけ、残りの小さい人形は全部同じ顔だから見なくていいと言い張るようなものだ。「コア」消費者物価指数のマトリョーシカは、中の人形を二つ取り除き、「醜い」人形を抜いただけだから価値は同じだと言って収集家に売りつけているようなものだ。

5　平均への畏怖

経済に関する報道は、平均に対する畏怖がつきまとう。消費者物価指数も例外ではない。消費者物価指数は、平均的な小売店で平均的な品目を買った場合の平均的な価格の変動で、その品目は、平均的な地域で平均的な年齢の消費者が買う平均的な買い物かごの中身から、その特色を象徴するように選んだものだ。そして、たったひとつの数字が報道されるたびに、私たちは公式の統計が自分自身の消費者としての経験とかけ離れていることに困惑する。コア・インフレ率も同じことだ。この指数は食料品とエネルギーに関する支出を除外しているが、どちらも価格変動に対する私たちの感覚の大半を占める要素なのだ。

景気の波を論じるジャーナリストは、ビッグデータの本当の意味に気がついていない。労働統計局は、幅広い地域や支出群にまたがる物価指数や、さまざまな定義のインフレ率など膨大な数字も公開しているが、それらを報道で見聞きすることはめったにない。非集計は集計のプロセスを解き明かすし、項目別の指数のほうが私たちは納得しやすい。データが豊富にあるときは、構成要素の多様性に注目するべきだ。平均化とフィルタリングは思わぬ反動を招きかねない。平均化は多様性を一掃し、フィルタリングは現実を覆い隠してしまう。

第4部

スポーツデータ

Part 4

Sports Data

コーチとGM どちらが勝敗のカギを握るか？

1
2
3
4
5
6
7
8

私のお気に入りだった近所のイタリア料理店が先日、店を閉めた。黄色いスタッコ壁に木目のアクセントをきかせ、素朴なリネンを並べたダイニングルームに座っていると、トスカーナの農家で食事を楽しんだ旅の記憶がよみがえった。厨房が見えるカウンターに陣取り、チーズや生ハム、オリーブ、パンが皿に盛りつけられるのを眺め、キッチンの奥にあるレンガのオーブンのなかをのぞき、ローストポークやタコ、ペッパーを扱うスタッフの手際に見入ったものだ。ベッラビータは、ニューヨークの碁盤の目の狭間で、こんなところに店があるのかと思うような路地にたたずんでいた。店主のミネッタ・レーンは独立系の劇場も経営していた。

ニューヨーク・タイムズ紙の（当時は）大御所のグルメライター、フランク・ブルーニの批評には、シェフもさぞ落胆しただろう。「ベッラビータのメニューの大部分は、料理以上に盛り付けが必要なものが並んでいる」。コラムの後半で、ブルーニはその真意を説明している。「本物の料理はおのずと皿に馴染み、完成度の低い料理は皿が馴染もうとする」。私はカウンターでクロッシーニと鶏レバーのパテを食べながら、辛辣な言葉の痛みをかみしめていた。

ある日、友人のジェイと話していたとき、ブルーニのとげのある言葉をふと思い出した。ジェイはフリーランスのフォトジャーナリストで、以前は出版社で教科書を編集していた。統計の教科書も何冊か手がけている。ミズーリ州セントルイスで大学時代を過ごし、この10年はボストンやサンフランシスコ、香港で暮らしているが、ＮＦＬ（全米プロフットボールリーグ）は今もセントルイス・ラムズの熱心なファンだ。

2006年に、ジェイはティファニー・ビクトリア・メモリアル・ファンタジー・フットボールリーグ（FFL）に参戦した。チーム名は「タフ・トウズ」。賞金もない小さなリーグで順位を上げると、「ビッグなところで」力試しをしたくなった。

ファンタジー・フットボールは1990年代半ばから全米で流行している。NFLの現役選手を選んで仮想チームを編成して戦う、いわば「バーチャルNFL」だ。NFLのシーズンとともにFFLも開幕。選んだ選手の実際の試合でのプレーに応じてポイントが加算され、バーチャルの勝敗が決まる。CBSやFOXなどが専門サイトを開設してリーグを主催し、対戦スケジュールや統計、スコアなどの情報やさまざまなツールを提供するようになると、人気に火がついた。市場調査会社イプソスによれば2011年の時点で参加者は2400万人。そのうち20％が女性だ。

NFLの2011〜12年シーズン半ばに、ジェイはデータを解析して自分の強みと弱みを検討した。時間をかけて（つまり、策を弄して）登録選手の顔ぶれを最適化するべきか、それとも今いる選手から先発メンバーをうまく組み合わせるべきだろうか。

ジェイはNFLの伝説のコーチ、ビル・パーセルズの言葉に感銘を受けていた。弱小チームだったニューヨーク・ジャイアンツを率いてスーパーボウルを2回制した（1986年、90年）名将だ。1993年からニューイングランド・ペイトリオッツを指揮していたパーセルズは、96年にオーナーのロバート・クラフトと衝突。「人に料理をさせたいなら、食材の少なくとも一部は自由に買わせるべきだ」と嘆いた。この秀逸なたとえは、フットボールチームのゼネラル・マネジャー（GM）

とヘッドコーチの繊細な関係を言い当てている。クラフトは昔ながらの責任分担を望んだ。

- **GMはドラフトやトレード、ウェーバー制度を使って選手を揃え、サラリー・キャップ（チームが所属選手に支払う年俸総額の上限）に目を光らせる**
- **コーチは試合ごとに先発選手を選び、対戦相手に合わせて戦略を立て、フィールドで戦術的な判断を下す**

当時、パーセルズのコーチとしての能力は文句のつけようがなかった。しかし本人は、自分に与えられた選手の顔ぶれに満足していなかった。クラフトが自分の長年の右腕でもあるGMからチーム編成の権限を奪うことを拒否すると、パーセルズはニューヨーク・ジェッツに移籍した。

ファンタジー・フットボールは、投資ゲームとして考えるとわかりやすい。投資ゲームのプレーヤーは、一定期間内に最も利益を上げるポートフォリオの構成を競い合う。ファンタジー・フットボールの「株」はNFLの選手だ。毎週日曜日の試合が終わると、選手のプレーから「株価」を計算する。「ポートフォリオ」は、14人の登録選手から試合前に選ぶ9人の先発リスト。交代要員の5人はポイントを稼がないが、関心のある銘柄を注目リストに入れておくようなものだ。ポイントはNFLの実戦のプレーとポジションに応じて計算する。たとえば――

・クォーターバック（QB）のパスは400ヤード以上獲得で加算点
・ワイドレシーバー（WR）は通算100ヤード獲得で加算点
・キッカー（K）はフィールドゴール4本で加算点

先発メンバーは、基本的にその週に活躍しそうな選手を選ぶ。ただし、NFLの試合を欠場した選手はFFLでもポイントを稼げない。日曜日の新聞広告を隅々まで読んでバーゲン情報を確認するように、ファンタジー・フットボールのファンは負傷に関する断片的なニュースを拾って想像力を駆けめぐらせる。

先発は次のような構成になる。

・コーチ（C）
・ディフェンシブチーム／スペシャルチーム（D／ST）（訳注：ポジションごとに選ぶオフェンシブチームと違って、チーム単位で選ぶ。選手を選ぶリーグもある）
・オフェンシブチーム　7人
クォーターバック（QB）
ワイドレシーバー（WR）　2人
タイトエンド（TE）

ランニングバック（RB）
キッカー（K）
ワイルドカード（2人目のQBかRB、3人目のWRが多い）

オフェンシブ（攻撃）チームのポジションは、投資のポートフォリオで言えば「医療保険」「公共事業」「ハイテク」などの資産区分だ。

毎年シーズンが始まる週にドラフトが開催され、各チームが順番に選手を指名する。シーズン途中にトレードなどで他のファンタジー・チームと選手を入れ替えることもできる。毎週末の試合は、先発選手の獲得ポイントの合計で対戦2チームの勝敗を決める（細かいルールはリーグによって異なる）。

ファンタジー・フットボールには、オーナー、GM、コーチの区別はない。参加者はオーナーとGMとしてチームを運営しながら、コーチとして指揮をとる。まさにビル・パーセルズが望んだ役割だ。ただし、戦略と戦術の決定権はFFLにはなく、現実のコーチが取った戦術のせいでFFLのチームが散々な目にあうときもある。

2011年のNFL開幕戦で、ジェイがQBに起用したドリュー・ブリーズ（ニューオーリンズ・セインツ）は、グリーンベイ・パッカーズから419ヤードを獲得してタッチダウンを3回決めた。ブリーズのFFL第1週のファンタジー・ポイントは34点で、ジェイの対戦相手が起用したQB（ニューヨーク・ジャイアンツのエリ・マニング）を20点リードした。セインツはQBの華々しい活躍にもかかわらず開幕戦を落としたが、ファンタジーの世界にはほとんど関係ない。第13週を終えた時点で、ジェイが率いる「タフ・トウズ」は通算1297点。14チームが戦うティファニー・ビクトリア・メモリアルFFLで、通算獲得ポイントは2位タイだった。ただし、対戦成績は5勝8敗と低迷し、勝敗表では下から3番目（ほか2チームが同率）だった。ジェイは次のシーズンこそ順位を上げたいと思う一方で、矛盾する結果に当惑した。パーセルズの流儀に従って選手集めに時間を費やすべきか、それともニューヨーク・タイムズのグルメ評論家、フランク・ブルーニが言うとおり、生の素材を皿に並べるだけでは本物のシェフとは言えないのだろうか。

統計学者をキッチンに招く

ジェイが直面した問題は、統計の典型的な問題を連想させる。まず、通算獲得ポイントと勝敗の結果という二つの要素の関係を考えていこう。ジェイのリーグに参加する14チームの成績は、かなりばらつきがある（図表8-1）。通算獲得ポイントは988〜1380点、勝ち数は3〜10勝。このばらつきが生じる要因は何か。ビル・パーセルズ流に考えると、「マネジメント力」と「指揮官の能力」がカギを握りそうだ。そう言われてみれば正しい気もするが、正しいという感覚とナンバーセンスは別物だ。検証を怠ってはならない。二つのシンプルな要因だけのモデルで、現実に起きたことを説明できるだろうか。二つの要因のうち、本当に重要なのはひとつだけかもしれない。ある

■図表8-1 ティファニー・ビクトリア・メモリアルFFL　全14チーム
勝ち数と通算獲得ポイント【2011〜12年シーズン】

1250〜1300点を獲得したチームは5〜10勝、1050〜1150点のチームは3〜8勝をあげている。四角で囲んだチームは、獲得ポイントを基準にすると勝ち数が大幅に多いか少ないかで、趨勢線（トレンドライン）から上下に大きく離れている。

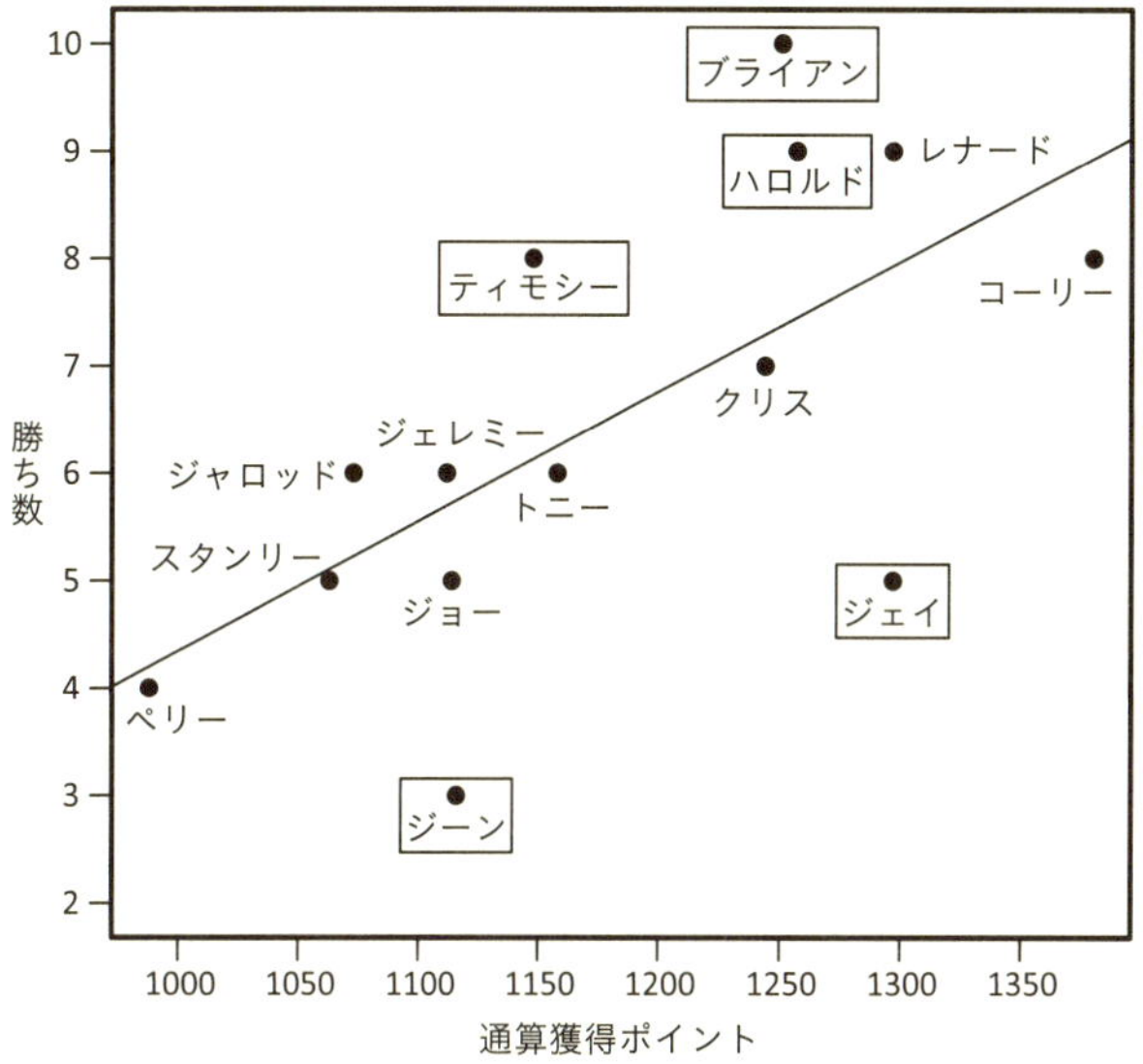

いは二つを組み合わせても、全体像を描けないかもしれない。さらに、スポーツには運まかせの部分もある。

世の中には複数の要因が絡む問題があふれている。『ヤバい統計学』の第3章で、標準テストの正解率が受験者のグループによって異なる理由をDIF（差異項目機能）で説明した。これは計量心理学（サイコメトリックス）のアプローチで、能力の違いと、項目偏差（テストの設問が、あるグループにとって公平ではない偏り）という二つの要因を切り離して検証する。社会心理理学では、ある職業における相対的なパフォーマンスについて、一般的な知能や特別な才能、経験の量、個人の特徴の影響をそれぞれ個別に推測しようとする。証券のリターンに関する最近の経済理論は、経済成長や利率などの要因で価格が変動すると考える。

厄介なのは、複数の要因の関係を紐解くことだ。現実の世界では、複数の要因が絡み合ってひとつの結果をもたらす。しかし私たちは、「ほかの条件が等しければ（ceteris paribus）」という筋書きを検証しようとする。FFLで指揮官の能力を評価するわかりやすい基準は、通算獲得ポイントだ。ティファニー・ビクトリア・メモリアルFFL（2011〜12年シーズン）の場合、チームの獲得ポイントが最も多いコーリーが最も優秀なコーチになる。ただし、FFLの成績が指揮官の能力以外の要因も反映している場合は、獲得ポイントだけで決めることはできない。GMとしてのマネジメント力も評価に加えるためには、二つの評価の位置づけを明確にする必要がある。

2　ファンタジーの世界で夢をかなえる

2012年9月、NFLの開幕第2戦を前にした金曜日に、ジェイはESPNのサイトで不吉な投稿を見つけた。「（ヒューストン・）テキサンズが彼の出場を今週も試合開始直前に判断するつもりなら、怪我の状況も含めてキックオフの瞬間まで目が離せない」。「彼」とは、抜群の実績を誇るランニングバック、アリアン・フォスターだ。ジェイは2012年のドラフトの一巡目でフォスターを指名していた（いつものシーズンのようにクォーターバックを一巡目で指名しなかったのは、狙っていた選手をほかのチームが指名したからだ）。ジェイだけでなくＦＦＬの参加者の多くが、今シーズンのＲＢにフォスターを欲しがった。自分の登録選手のうち、最も期待される選手が出場できなくなるのは痛い。フォスターは「膝のまわり」の違和感を訴えていたが、テキサンズは戦術を隠すためにも彼の出場を明言せず、怪我の状況もほとんど明かしていなかった。

出場が直前までわからないケースはＦＦＬを混乱させると、ジェイは言う。ＮＦＬのスタジアムで観戦している人は、フィールドの動きを追いながら指先を器用に動かして、スマートフォンでこれから始まる試合の噂を検索する。日曜日の昼に始まる試合から夜中の「サンデー・ナイト・フットボール」が終わるまでテレビの前に貼りつく人は、ただでさえあきれている妻に、コイントスの数時間前から情報収集に没頭する言い訳を考える。

ジェイは当時、香港に住んでいたが、現地時間の明け方までフォスターの状況を確認した。そして、彼が先発しそうだという情報を得て、土壇場で先発に加えた。同じような状況で眠気に勝てないときは、フィールドに立たなければ1ポイントも稼げないスーパースターの代わりに、確実に先発する「安全な」選手を選ぶしかない。

日曜日の夜の試合が終わっても、まだわからない。ＮＦＬは月曜日の夜にも試合が組まれているのだ。月曜日に試合がある選手がメンバーにいるファンタジー・チームは、日曜日の劣勢からの逆転もありうる。とくに、月曜日に出場できる選手が対戦チームより多い場合は正念場だ。

月曜日の夜に試合が終わると、次のサイクルが始まる。ジェイにいつもの流れを説明してもらった。

まず、その週の判断を事後分析する。ウェーバー制で正しい選手を選んだか。先発選手の顔ぶれは正しかったか。適切なニュースソースの適切な助言に従ったか。続いて自分のチームを評価する。選手のパフォーマンスはどうか。対戦相手や選手、コーチの傾向など、今週は何を学んだか。ウェーバーに出された選手は誰を獲りにいくか。これほど何かに夢中で取り組んだことはない。試合開始直前まで先発メンバーを調整できない人には、不利な勝負だ……日曜日に教会へ行く人、自分がフットボールの試合に出場する人、アメリカと時差がある人、仕事に行かなければならない人……。

第2週が終わり、ジェイはワイドレシーバーのハキーム・ニックス（ニューヨーク・ジャイアンツ）の復活を確信した。ニックスは過去数シーズン、ジェイのお気に入りのWRだったが、足の手術から回復したばかりで、最初の2試合は先発メンバーに入れていなかった。第1戦のニックスは堅い守りに苦しめられてわずか3ポイントに終わったが、第2戦は前半だけでインターセプトを3回かわし、チームは後半に猛チャージをかけ、1日でファンタジー・ポイントを25点稼いだ。ジェイはこれから数週間、ニックスを迷わず先発させるだろう。

ジェイより入念な下調べをする参加者は数えるほどだ。そのひとりレナードは、ジェイと同じように二つのリーグを掛け持ちしている。２０１２年度のドラフト会議中に、レナードが今は仕事をしていないとつぶやくと、ほかの参加者がすかさず言い返した。「ファンタジー・フットボールがきみの仕事じゃないか！」。まさにそのとおりだ。

3 コーチの第一印象

ＥＳＰＮのサイトでは、ユーザーに訊いたＮＦＬ各チームのヘッドコーチの支持率が毎週、更新される。しかし、事実ではなく意見にもとづく評価方法は、ＦＦＬのコミュニティではほとんど歓迎されない。ジェイやレナードだけでなく、ほかにも多くの参加者がリサーチに余念がない。ポッドキャストやテレビ番組を見て、チャットやネットの動画配信、ツイッター、フェイスブックなどを確認する。ＥＳＰＮやヤフー、ロトワールド、ＦＦトゥデイなど、ＦＦＬに関連するニュースや統計、戦評、予想などを提供する専門サイトも役に立つ。これだけ多くのデータに簡単にアクセスできるのだから、主観的な判断は必要なさそうだ。ファンタジーの愛好者は、よそのリーグの噂話でも自分たちのトレード会議でも、数字をめぐる冗談が大好きだ。

２０１１年シーズンの最終第13週が始まった時点で、ペリーとジーンはともに３勝９敗で最下位争いをしていた。ジーンは先発メンバーを前の週から変更した。今シーズンのＷＲはエリック・デッカー、フリオ・ジョーンズ、アーリー・ドーセットの３人で回していた。最終戦はデッカーとドーセットを選んだ。ディフェンスは、前半のお気に入りだったニューヨーク・ジェッツのディフェンシブ／スペシャルチームをやめて、ニューイングランド・ペイトリオッツに。ホームで宿敵インディアナポリス・コルツを迎え撃つ勢いに賭けることにした。QBはいつものように2人。ひとりは36歳のベテラン、マット・ハッセルベックで、2011年はシアトル・シーホークスのファンを落胆させた。もうひとりのQBはカーソン・パルマーだ。

一方のペリーは、3週間続いている先発チームを今回もそのまま出場させた。あきらめモードの白旗であり、深い信念でもあった。はたして結果は、あえて動かなかったペリーの勝利だった。

ジーンの致命傷は、ハッセルベックを無条件で信じたことだ。代わりにジョナサン・スチュワートを2人目のRBとして先発させていれば、ペリーが最大限のポイントを獲得しても、2点差でジーンが勝っていた。スチュワートは優秀なRBで、FFLのコーチ泣かせでもある。カロライナ・パンサーズで俊足の選手たちと代わる代わる出場しているため、ファンタジーでポイントを稼げるかどうかは、その週のパンサーズの戦術しだいなのだ。ジーンは第11週にスチュワートで成功していた。今回も同じ賭けをするべきだった。

「起きたかもしれないこと」に注目するのは、実際に起きたことを評価するためだ。ジーンの最終第13週の敗因は采配ミスだ。ペリーは最大限の力を発揮して74点を獲得したが、ジーンはあと一撃で10点を加えることも可能だった。最大で86点の可能性もあったのだ**（図表8-2）**。

ある意味で、優秀なコーチは、GMが集めた登録選手のなかから最大限のファンタジー・ポイン

■図表8-2 最終第13週のジーンの先発選手（3パターンの比較）

四角で囲んだ選手を選んでいれば獲得ポイントが増えた。

ポジション	実際のメンバー表	修正版	最適のメンバー表
クォーターバック	カーソン・パルマー	同	同
ランニングバック	アリアン・フォスター	同	同
ワイドレシーバー1	エリック・デッカー	同	同
ワイドレシーバー2	アーリー・ドーセット	同	フリオ・ジョーンズ
タイトエンド	エド・ディクソン	同	同
ワイルドカード（オフェンス）	マット・ハッセルベック	ジョナサン・スチュワート	ジョナサン・スチュワート
ディフェンシブ／スペシャルチーム	ペイトリオッツ	同	ジェッツ
キッカー	ジェイソン・ハンソン	同	同
ヘッドコーチ	パッカーズのコーチ	同	同
ファンタジー・ポイント	67	77	86

トを獲得できるように先発メンバーを選ぶ。この能力は、実際の先発メンバー表と、試合の結果をもとに選んだ最適のメンバー表を比較することによって評価できる。与えられた登録選手から獲得できる最大限のポイントに対し、実際に獲得したポイントの比率が、いわば「コーチ指数」だ。第13週のジーンのポイントは67点。最大限のポイント86点のうち78％を獲得した。ペリーはポイントを上積みする余地がなく、評価は100％となる。

4 コーチの統計学的印象

トニーはティファニー・ビクトリア・メモリアルFFLを立ち上げたメンバーの一人で、第3週に71点、第4週に104点のファンタジー・ポイントをそれぞれ稼いだ。コーチ指数はどちらの週も70ポイント台で、2011年シーズンで最も効率の悪い先発メンバーだった。コーチとしてのパフォーマンスは数字を見るかぎり2週とも同じだが、私の「計算」では第3週がより悲惨な選択だった。

まず、トニーのチームの登録選手14人をもとに、第3週に選ぶことができた256通りの組み合わせについて、それぞれ獲得ポイントを計算する。結果は54〜99点で、71点は最小値（54点）から数えて29%目に位置する。統計学ではこれを29パーセンタイルと呼ぶ。第4週も同じように計算すると、結果は59〜133点で、トニーの104点は66パーセンタイルだった。

これが私の考案した「コーチ・プラフス（Percentile rank among feasible squads／実現可能な先発メンバー表のパーセンタイル順位）」だ。コーチ指数は近似値を求めるアプローチとしてわかりやすく、最適のメンバー表だけを考慮すればいいので計算も簡単だ。それに対し、コーチ・プラフスはすべての可能な組み合わせを検討しなければならず、したがって説得力はあるが、はるかに多くのデータを扱うことになる。

■図表8-3 総合順位とコーチ・プラフス

コーチ・プラフスの累計は全13週で0〜1300ポイント。四角で囲んだ5チームは、コーチの能力で評価するとほぼ同じレベルと言える。

通算獲得ポイント	順位	
1380	1	コーリー
1297	2	レナード
1297	3	ジェイ
1257	4	ハロルド
1251	5	ブライアン
1244	6	クリス
1158	7	トニー
1148	8	ティモシー
1116	9	ジーン
1114	10	ジョー
1112	11	ジェレミー
1073	12	ジャロッド
1063	13	スタンリー
988	14	ペリー

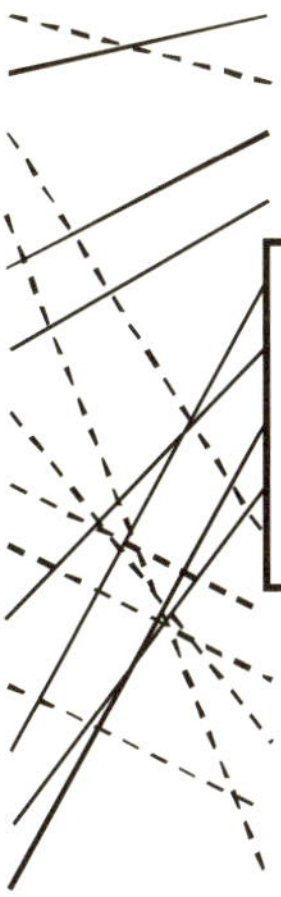

	コーチ・プラフス	順位
レナード	1214	1
コーリー	1208	2
ブライアン	1200	3
クリス	1182	4
ジャロッド	1157	5
ジョー	1157	6
ペリー	1148	7
スタンリー	1145	8
ジェイ	1141	9
ティモシー	1120	10
ジーン	1086	11
トニー	1064	12
ジェレミー	1018	13
ハロルド	984	14

ここから先はコーチ・プラフスを使って説明する。プラフスの定義は次のとおりだ。

出場可能な登録選手から先発メンバーを選ぶ際に可能なすべての組み合わせについて、それぞれの獲得ポイントを計算する。その分布において、実際に使った先発メンバー表のパーセンタイル順位をプラフスと呼ぶ。

可能な組み合わせから最低のメンバー表を選んだコーチはプラフスがゼロ。最適のメンバー表を選んだコーチは100ポイントとなる。

ティファニー・ビクトリア・メモリアルＦＦＬの２０１１年シーズンは、コーチ・プラフスの週間平均は87ポイントだった。つまり、リーグの平均的なコーチが選ぶ先発メンバーは、可能な組み合わせの先発メンバーのうち87％に勝てる。かなり競争が厳しいリーグのようだ。ジェイと私は、このデータ主導の評価方法のほうが、ＥＳＰＮの「支持率」よりはるかに信頼できると考えている。

毎週のプラフスを合計した総合コーチ・プラフスによると、２０１１年シーズンに活躍したコーチはレナード、コーリー、ブライアン、クリスで、最下位はハロルドだった。ジェイは9位だが、5位のジャロッドとの差はわずか16ポイント。総合プラフスは１１５０ポイント前後に5人が集中していた**（図表8-3）**。

実は、コーチ・プラフスの定義にはもうひとつ重要な条件がある。コーチに登録選手の決定権がないことだ。私はグルメ評論家のブルーニのように、シェフが与えられた食材をどのように活かすかに注目した。料理コンテスト番組「チョップド」の参加者は、その場で与えられたアンバランスな組み合わせの食材で料理をする。最近の放送では、ピーナツバターと豚ヒレ肉、オクラ、海老の缶詰でメインコースをつくった。食材／選手を指定することによって、料理／指揮官の能力と、買い物／マネジメント力の影響を区別できる。

続いて、ＧＭのマネジメント力を検証しよう。

5 コーチがGMの助言を無視する

ＦＦＬは毎年ドラフト会議を開き、各チームは新シーズンの登録選手を選ぶ。殿堂入り確実のクォーターバックや俊足のランニングバックなど、目当ての選手を順番に指名する。ティファニー・ビクトリア・メモリアルＦＦＬでは共同設立者のジーンが会議を主宰する。２０１２年はジーンが新居を購入した直後だったので、ハロルドが代役を務めた。ジェイともうひとりを除く参加者は会場に直接出向いた。ジェイは香港からスカイプで出席。もうひとりは共同設立者のトニーが電話で中継した。

「マルコム・フロイド、ワイドレシーバー、指名候補者名簿の29番！」

指名がコールされると、ほかの参加者は手元の紙の29番に横線を引く。名簿には指名できるＮＦＬ選手の名前、ポジション、指名しそうなチームの名前が記されている。ジェイを含む数人はドラフト前に入念なリサーチをして、それぞれ独自の名簿を作成していた。ジェイは自分の名簿のほうが、リーグが作成した名簿より体系化され、より最近のデータにもとづいていると自信があった。

ジェイは１巡目にランニングバックのアリアン・フォスターを指名した。順番が回ってきたときには、目ぼしいクォーターバックは残っていなかった。ファンタジー・フットボールの専門家たちの助言を聞いて、ＱＢに指名が殺到していたのだ。２巡目でジェイは賭けに出た。ＱＢのマイケル・

ビックを選んだのだ。ビックは優秀だがプレーにむらがあり、怪我も多いため、今年は上位で指名しようとするチームはなかった。

5時間後、10巡目が回ってきたところでジェイは力尽きた。彼は香港時間で日曜日の午前6時からずっと貼りついていた。今年は会場を変更したため、開始がいつもより2時間遅かったのだ。カリフォルニア州ミルブレーに集まった参加者は、ピザの注文などの雑談に興じている。スカイプの音声がときどき遠くなり、食べ物の話題に刺激されて空腹に耐えられなくなった。残りの指名はトムに代理を依頼した。

ジェイが最後に指名したのはグレッグ・ズーライン。いつもならリスクを嫌って新人は敬遠するが、セントルイス・ラムズのファンであるジェイは「足がすごい」という情報を仕入れていた。さらに、オフェンスに不安があるラムズは、今シーズンはフィールドゴールを増やしそうだ。ティファニー・ビクトリア・メモリアルＦＦＬのルールでは、50ヤード以上のフィールドゴールを決めると2点加算される。

すべてのチームの登録選手が決まって、ＮＦＬの２０１２年シーズンの開幕を待つだけになった。ただし、ＧＭの仕事は始まったばかりだ。レナードはリーグの参加者のなかでもとくに熱心で、成績もずば抜けている。参加から10年間でプレーオフに5回進出して3回優勝していた。

毎週水曜日の夜、レナードは「ウェーバー・ワイヤー」に目を光らせる。ドラフトで指名されなかった選手と、ほかのチームがシーズン中に放出した選手の名簿だ。「サンタクロースの袋のなかに、欲しかったプレゼントが入っているか確認する」ようなものだという。レナードはチームの編成にこだわり、頻繁に選手を入れ替える。ギャンブルに依存しかけたころ、代わりの時間つぶしにファンタジー・フットボールを始めたのだが、仕事が暇になった時期にのめり込んだ。誰よりも早く対応できることが彼の強みだ。テレビ番組は見逃さず、携帯端末のアプリを昼も夜もつねにチェックする。チームの名前は、世の中でいちばん好きな二つのもの――サンフランシスコ・フォーティーナイナーズと医療用マリファナ――にちなんでいる。

レナードに戦い方を教えてくれたのは、ティファニー・ビクトリアという女性だった。ティファニーはリーグを共同運営するだけでなく、かつては手ごわいプレーヤーだった。レナードとコーリーは優勝決定戦で「女の子に負けた」経験者でもある。ティファニーは一目おかれる存在で、毎週、「女の子の視点」と題したイラスト付きの報告書を出していた。「ウェーバー・ワイヤー」の活用法も彼女から学んだようなものだ。残念ながら最近は、彼女の武勇伝も昔話になっている。

6 コーチの足かせ

実際に起きたことを評価するために、起きたかもしれないことに注目するアプローチに戻ろう。ここでは、考えられる可能な組み合わせのメンバー表が、「起きたかもしれないこと」になる。仮定のメンバー表ではあるが、クォーターバック（QB）が2人、ワイドレシーバー（WR）が2人

■図表8-4 ペリーのチームで先発メンバーの可能な組み合わせ240パターンと獲得ポイント数【2011〜12年シーズン　第8週】

1つの点が1つのパターンを表す。丸で囲んだ点が実際のメンバー表で、コーチ・プラフスは98。

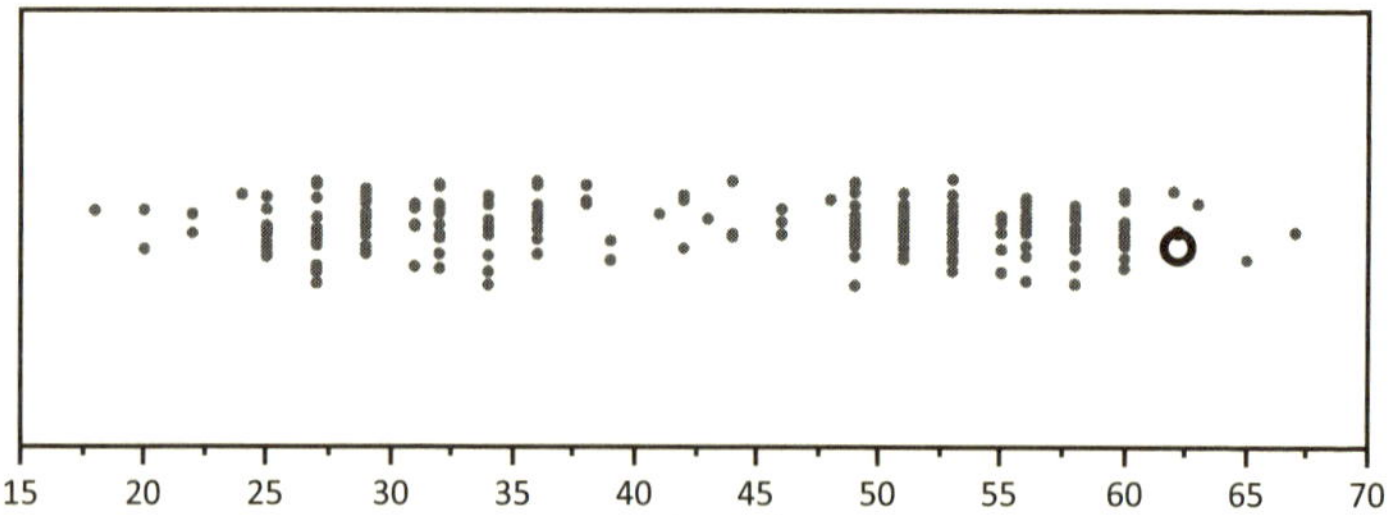

または3人など、リーグのルールに従うものとする。たとえば、第8週にペリーは240通りの組み合わせが可能だった。各パターンの獲得ポイントは18〜67点。実際に選んだ先発メンバーの獲得ポイントは62点と最高点にわずかに届かず、コーチ・プラフスは98ポイントだった（**図表8-4**）。

この週にペリーと対戦したジェイも、見事な采配だった。ジェイのコーチ・プラフスは99。204通りの可能な組み合わせの上位1%だった。ただし、それぞれ優秀なコーチが率いる二つのチームだが、命運は分かれた。獲得ポイントは90点対62点でジェイが圧勝したのだ。この大差は、指揮官の能力だけでは説明できない。カギを握るのはマネジメント力だ。ペリーは可能な組み合わせのうち最高の先発メンバーを起用していても、67点しか獲得できなかった。対するジェイは、最高の組み合わせなら92点を獲得できたのだ。ペリーがGMとしてコーチに与えた裁量は、

■図表8-5　ペリーのチームで先発メンバーの可能な組み合わせと獲得ポイント数【2011～12年シーズン　第1～13週】

グレーの1つの点が1つのパターンを表す。点の分布とばらつきがマネジメント力を、黒い点（実際のメンバー表）の相対的な位置が指揮官の能力を物語る。たとえば、第11週はマネジメント力に問題があり、第4週はGMとしてもコーチとしても不調だった。

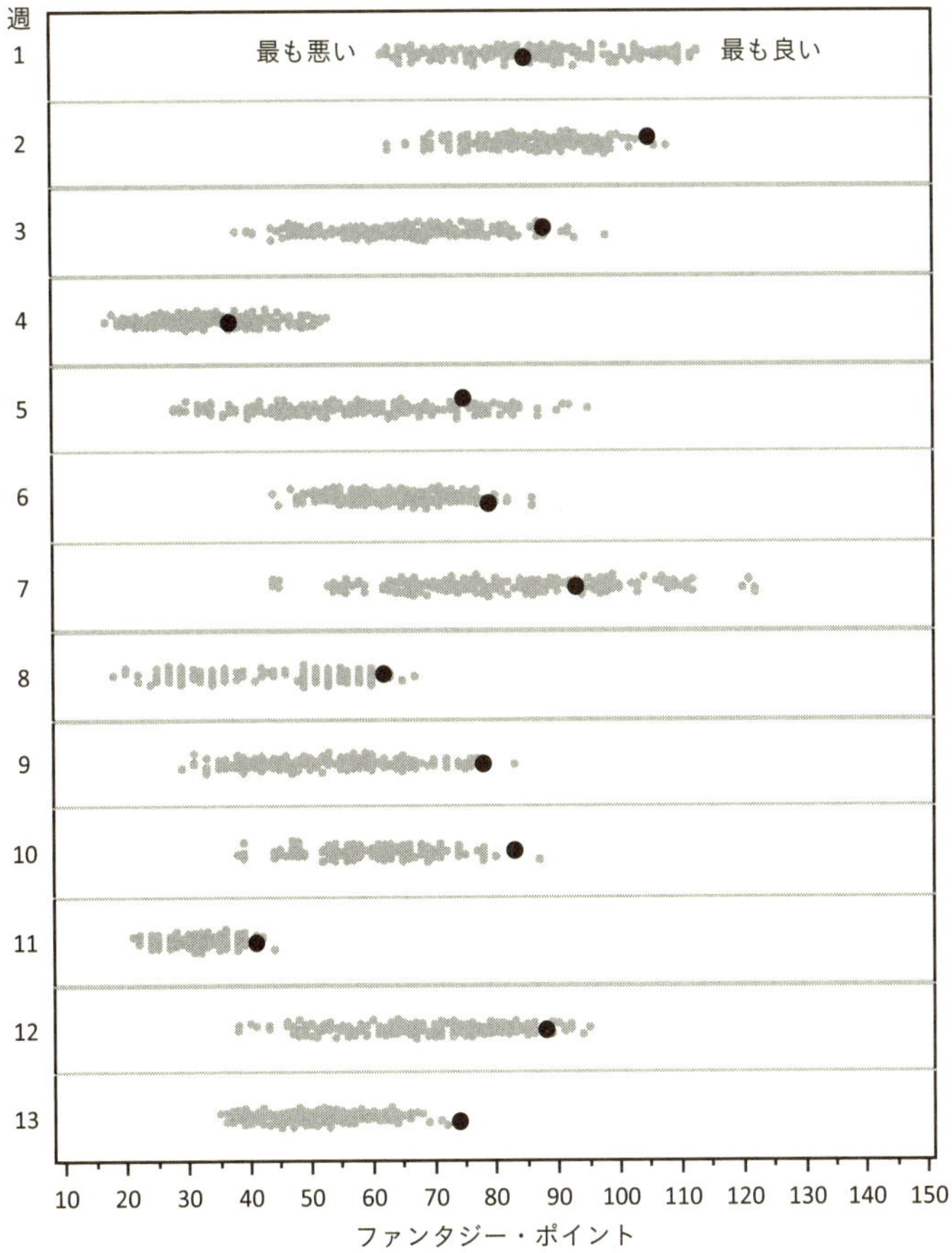

ジェイGMより幅が狭かった。

図表8-5を見ると、NFLの伝説のヘッドコーチ、ビル・パーセルズの不満――「人に料理をさせたいなら、食材の少なくとも一部は自由に買わせるべきだ」――もわかる。グレーの点は、ペリーの先発メンバーについて、それぞれの週に可能なすべての組み合わせを表す。一つの点が一つのパターンで、獲得ポイント順に並んでいる。ヘッドコーチが選べる先発メンバーの組み合わせには限界があり、各週のグレーの点の分布がその範囲を示す。たとえば、第1週にペリーが獲得できるポイントは62～113点で、コーチの采配でこの範囲を変えることはできない。決めるのは、ドラフトやトレードなどで登録選手を集めるGMだ。GMがチームの可能性をつぶした週もある。第11週はどんなに頑張っても44点が限界で、最悪の場合は21点しか取れない。あるいは第7週のように、GMがはるかに有望な選手をそろえた週もある。

図表8-5にはフランク・ブルーニの言葉も描かれている。どんな食材を与えられても、シェフの仕事はそれを料理に仕上げることだ。黒い点は、各週にペリーが実際に選んだ先発メンバーを表す。この点が右端の最高点に近づくほど、その週はコーチとして手腕を発揮したことになる。たとえば、第4週や第7週と比べて、第6週と第8週は優秀だった。

GMを採点するためには、コーチの能力を何らかの方法で均一にする必要がある。2011～12年のティファニー・ビクトリア・メモリアルFFLのコーチ・プラフスは平均87ポイントだった。「リーグの平均的なコーチ」がいるとしたら、87パーセンタイルの先発メンバーで戦うことになる。

■図表8-6 総合順位とGMポラック【2011〜12年シーズン】

通算獲得ポイント	順位			GMポラック	順位
1380	1	コーリー	ハロルド	1275	1
1297	2	レナード	コーリー	1260	2
1297	3	ジェイ	ジェイ	1243	3
1257	4	ハロルド	レナード	1187	4
1251	5	ブライアン	クリス	1179	5
1244	6	クリス	ブライアン	1150	6
1158	7	トニー	ジェレミー	1137	7
1148	8	ティモシー	ティモシー	1127	8
1116	9	ジーン	トニー	1121	9
1114	10	ジョー	ジーン	1115	10
1112	11	ジェレミー	ジョー	1037	11
1073	12	ジャロッド	ジャロッド	1013	12
1063	13	スタンリー	スタンリー	982	13
988	14	ペリー	ペリー	945	14

そこで、すべてのチームで平均的なコーチが87パーセンタイルの先発メンバーで戦うと考えて、GMの能力を比較する。たとえば、第8週の平均的なコーチの獲得ポイントは、ペリーGMの登録選手から87パーセンタイルの先発メンバーを選んだ場合は58点、ジェイGMの登録選手から選んだ場合は76点になる。この18点差は、コーチの手腕というよりマネジメント力の成果だ。

これがマネジメント力を評価する「ポラック／Points obtained by league-average coach（リーグの平均的なコーチが獲得するポイント）」だ。この平均化によって、GMを比較する際にコーチの能力の差を考慮する必要がなくなる。各週のGMポラックを合計すれば、そのシーズン

■図表8-7　コーチングとマネジメントで見るチームのタイプ【2011〜12年シーズン】

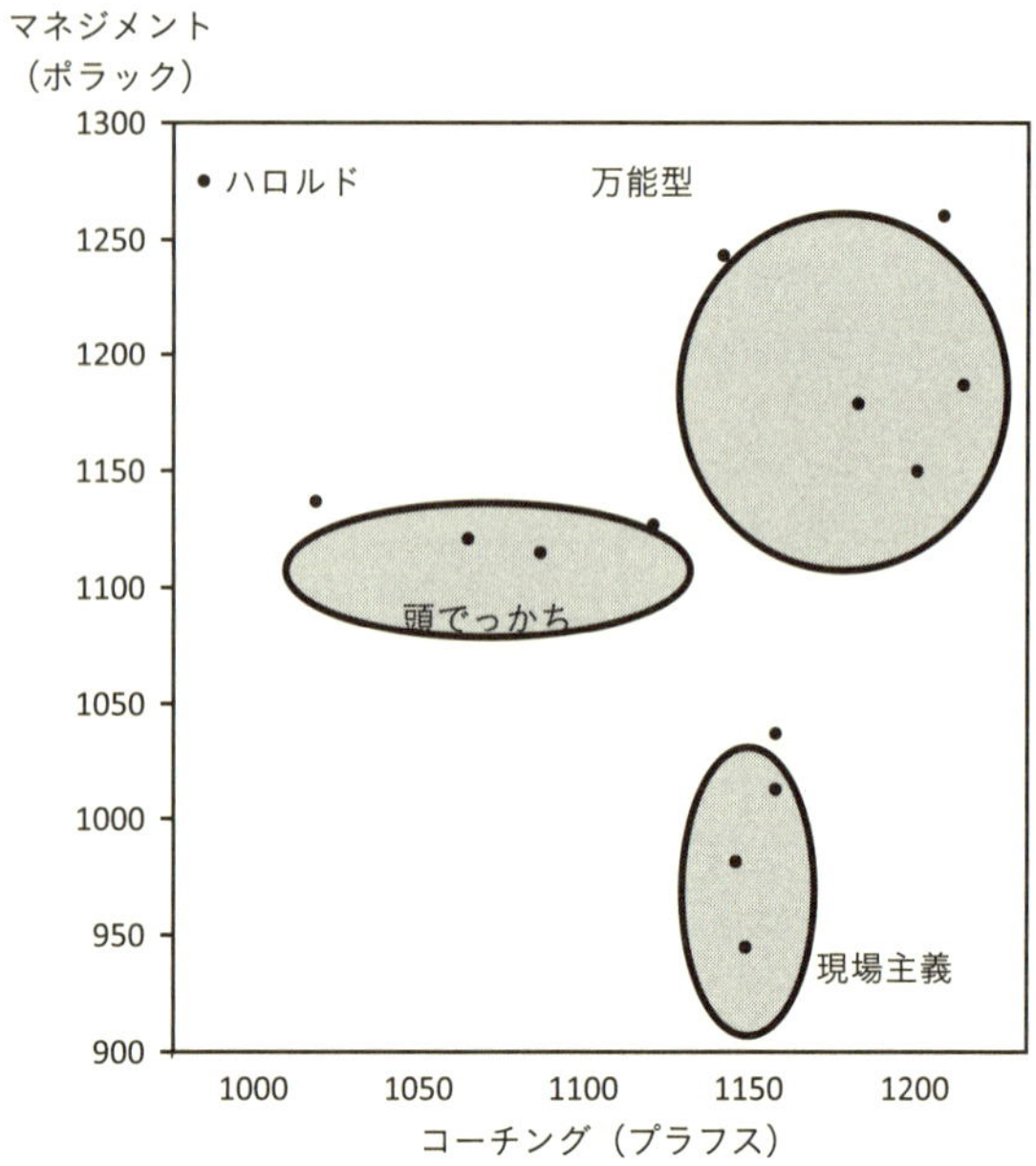

のマネジメント力の順位をつけることができる。ポラックの定義は次のようになる。

リーグの平均的なコーチが、チームの87パーセンタイルの先発メンバーで戦った場合の獲得ポイント。

通算獲得ポイントとGMポラックで14チームの順位をつけると**図表8-6**のようになる。これを見るとチームには三つのタイプがある。

万能型　マネジメント（登

録選手の選択）もコーチング（先発メンバーの選択）も優れている／レナード、コーリー、ブライアン、クリス、ジェイ

現場主義　コーチングは平均以上だが、マネジメントに難あり／ジョー、ジャロッド、スタンリー、ペリー

頭でっかち　マネジメントは平均以上だが、コーチングに難あり／トニー、ティモシー、ジーン、ジェレミー

例外はハロルドだ。彼はリーグで最も優秀なGMであり、最もダメなコーチでもある**（図表8-7）**。

7　運という要因

「彼はわかっていた」と、ジェイは敬愛するビル・パーセルズに思いを馳せる。「コーチが優秀でも、マネジメントの貧弱さは克服できない。このリーグでは、優秀なGMが優秀なコーチに勝つ」。ティファニー・ビクトリア・メモリアルFFLの総合成績を見ると、「万能型」のチームが上位にいるのは予想どおりだ。ジェイが注目したのは、「頭でっかち」のチームが「現場主義」のチームより明らかに成績が良いことで、通算獲得ポイントでは下位5チームのうち4チームが「現場主義」だ。ハロルドは例外で、コーチの能力では最下位ながら全体の4位につけている。ハロルドのコーチ・

プラフスの平均は76と、リーグ平均の87を大きく下回っている。

対戦ごとの勝敗も、マネジメント力とコーチング力の観点から説明すると同じような傾向が見えてくる。ジェイは、対戦相手よりGMポラックが高ければ勝率は80％を超える。GMポラックが相手より2ポイント以上低いと、86％の確率で負ける。これらの数字はコーチの存在を無視しているが、コーチの能力が勝負に及ぼす影響はマネジメント力の影響より小さい。コーチ・プラフスが対戦相手より22ポイント以上低いと、マネジメント力の優位はなくなり、80％の勝率が25％まで落ち込む。一方で、コーチ・プラフスが相手より20ポイント以上高い優秀なコーチは、平均レベル以下の登録選手で奇跡を起こし、86％の敗退率から62％の勝率に転じる。

もうひとつ、矛盾する点がある。ジェイは通算獲得ポイントで3位だが、勝敗数では下から3番目（ほか2チームが同率）だったのだ。

コーチ力を改善すれば、ジェイは順位を上げられただろうか。さらに詳しく分析すると、少々意外なことに、コーチ力によって順位を上げることはできなかった。ジェイのコーチ・プラフスは第3週の71が最も低い。その週のディフェンス（D）をサンディエゴ・チャージャーズではなくダラス・カウボーイズにして、RBにショーン・グリーンを、ワイルドカードにWRではなくRBを起用していれば、獲得ポイントを120点まで増やすことができた。ただし、対戦相手のレナードは141点を獲得したので、どのみち勝ち目はなかった。

まるで第2週の再現だった。その週もジェイのコーチ・プラフスは76と芳しくなかったが、先発メンバーを入れ替えて獲得ポイントを最大限の113点まで伸ばしていても、対戦相手のクリスに1点及ばなかったのだ。コーリーと対戦した第6戦も同じだった。これら三つの週はいずれも、対戦相手が99パーセンタイルの先発メンバーをぶつけてきた。ジェイは、スーパーに行くたびに並ぶレジを見誤る買い物客と同じ気持ちだったに違いない。

2011年のジェイは、対戦組み合わせに呪われていたのだろうか。リーグは総当たり戦で、毎週の組み合わせは開幕前に無作為の抽選で決まる。登録選手のマネジメントと先発メンバーの選び方はシーズンを通して波があり、**図表8-5**を見てわかるように、週によってパフォーマンスが大きく異なる。誰でも相手の調子が悪いときに対戦したいし、連勝中のチームとぶつかるのは避けたい。とはいえ、13週のあいだに幸運も不運も公平に訪れるのではないか。

人生は公平だと思いたいが、ジェイの2011年は流れが好転することはなかった。各チームが彼の「タフ・トウズ」と対戦する週のGMポラックは平均96。ジェイと、勝ち数でリーグ最下位のジーンは、手ごわいGMとの対戦が続いた。ジェイの対戦相手の半分はGMポラックが98以上。一方で、ハロルドの対戦相手のGMポラックは平均79で、99を超えたのは全13試合のうち20%だけだった。ハロルドの幸運は、リーグで最低のコーチング力を克服できた大きな理由でもある。

勝負に及ぼす影響は、コーチングよりマネジメントのほうが大きい。**図表8-8**のとおり、8勝以上をあげた5チームのうち4チームが対戦組み合わせに恵まれていた。対戦相手の多くが標準レベル以下の先発メンバーで戦ったのだ。最多の10勝をあげたブライアンは、対戦相手のマネジメン

■図表8-8 運の力【2011〜12年シーズン】

数字は各チームの勝ち数。8勝以上をあげた5チーム（丸で囲んだチーム）のうち4チームは、対戦相手のマネジメント力が平均以下だった。すべてのチームが平等に幸運なら、数字はグラフの中央に集まる。

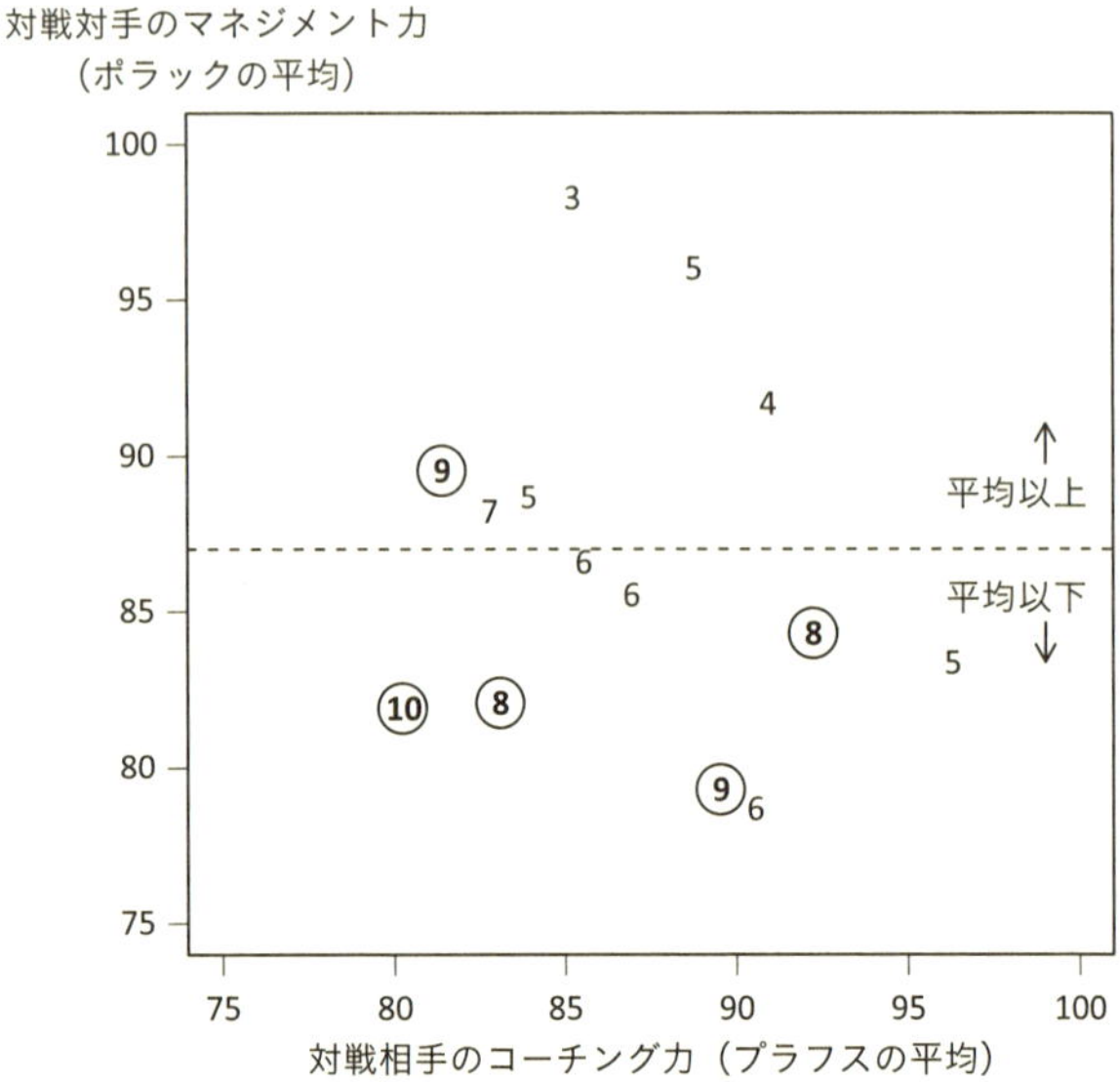

ト力もコーチング力も平均以下という二重の幸運を手にした（回帰分析でさらに詳しく検証すると、勝ち数は、自分のプラフスとポラックより、対戦相手のプラフスとポラックとより強い相関関係にある）。

どんな勝負でも、運は結果を左右する大きな要因となる。しかし、運はコントロールできない以上、毎試合の獲得ポイントを最大限にすることに集中して、それ以外のことは天にまかせるしかない。獲得ポイントを伸ばすためには、選手集めに時間を費やす価値はある。とはいえ、リスクを許容できる範囲で競争力の高い選手をそろえたいと思うかもしれないが、そのようなメンバーは基本的にリスクを計算できないものだ。

8 データの「レシピ」を公開

ジェイは二つの問題に頭を悩ませていた。通算獲得ポイントは多いのに、どうしてもっと勝てないのか。そして、勝つために何を改善すればいいか。

ジェイと私はさまざまな分析方法を工夫した。通算獲得ポイントのばらつきを、二つの要素のモデルで説明するという試みはうまくいった。コーチ・プラフスとGMポラックは二つの異なるスキルを評価する。仮に、プラフスとポラックが同じスキル――いわばファンタジー・フットボール総合力――を評価するとしたら、二つの値は完全な相関関係となり、コーチ力が勝る「現場主義」のチームとマネジメント力が勝る「頭でっかち」のチームを区別することはできない。コーチ力もマネジメント力も勝利に貢献するが、マネジメント力のほうが勝負にもたらす影響は大きいのだ。

二つの要素があるモデルに運の要素を加えると、さらに強化される。セレンディピティ（幸運な偶然）は、対戦相手の平均的な能力と見なすことができる。シーズンの対戦組み合わせは無作為の抽選で決まるのだから、対戦相手のレベルは毎試合、似たようなものになりそうだ。しかし13週という期間は、公平性が働くには短すぎるときがあり、運が勝負を盛り上げる。

近年は多くの分野で、たくさんのデータが公表されている。ファンタジー・スポーツもそのひとつだ。データは厄介な問題を解決する武器となり、私たちを憶測から解放する。この章では、料理番組のようにあらかじめ用意したシチューをオーブンから取り出して並べてきたが、そろそろレシピを公開しよう。

ファンタジー・フットボールのリーグを主宰するサイトは数えきれないほどあり、対戦表や勝利チーム、獲得ポイントなど基本的なデータを提供している。

それらのデータをもとに、分析のカギとなるデータを編集する。各チームの先発メンバーについて、可能な組み合わせをすべて挙げるのだ。これはその週に起用できる登録選手のリストをもとに、コンピュータで可能なパターンをはじき出す。さらに、NFLの全選手の実際のパフォーマンスに関する統計も毎週、最新のデータが必要だ。これはインターネットですぐ手に入る。ティファニー・ビクトリア・メモリアルFFLの場合、先発メンバーは1チームにつき毎週200〜400通りの組み合わせから選ぶ。すべての組み合わせについて必要なスコアを計算すると、かなりの量のデータになる。

これらの反事実的なスコアが、分析のカギとなる。ジェイと私は、過去の間違いから学ぶ教訓を大切にする。現実の世界では、「起きたかもしれないこと」を知るのは不可能だ。NFLのひとつのチームで先発できるランニングバック（RB）はひとりだけで、同じ試合に別の選手が先発することはありえない。しかしファンタジー・スポーツのデータは、反事実的な検証にうってつけなのだ。最近は現実の世界の『マネーボール』流の分析を、ファンタジーの世界に持ち込むことが流行っている。FFLのチームのオーナーだけに編集できる、反事実的なデータを使わない手はない。

シェフは食材を買いながらメニューを考えるときもある。においや視覚が想像力を刺激するのだ。市場で最も新鮮な食材を使いたいし、腐りかけた魚は最高のレシピを台無しにする。さらに、彼らは食材の最適な組み合わせを知っている。厨房ではさまざまな方法で素材の下準備をする。みじん切りに薄切り、すりつぶして、皮をむき、ゆがいて、マリネにして、かたちを整える。料理は味と色と香りのバランスが肝心だ。ひとつでも崩れると、料理全体がダメになることも少なくない。現実という要素を無視した数学モデルと同じだ。

データの分析にも、料理と似たようなスキルが求められる。

- **明晰な頭脳で臨む**
- **素材のデータの集め方と集める場所を知っている**
- **方針を変える柔軟性を持つ**
- **創造性を発揮してデータを成形する**
- **偏見（バイアス）に注意する**

オーナーと衝突してニューイングランド・ペイトリオッツを飛び出してから5年後、ビル・パーセルズはついに賛同者とめぐりあった。ニューヨーク・ジェッツのオーナーのレオン・ヘスは報道陣にこんなふうに語っている。

「彼と一緒にスーパーに行くから、私が押すショッピングカートに買いたいものを入れてくれればいい」

エピローグ

データアナリストにならなければビッグデータの時代には生き残れないと観念して、この本を閉じないでほしい。さまざまなデータをさまざまなかたちで利用できるようになると、混乱して、よからぬ企みも生まれると、警鐘を鳴らすためにこの本を書いたのだ。これからは決してデータを鵜呑みにせず、隠された意味を知るのが大切なのだと理解してほしい。

- **大学の学部長が「ドーピングをしても意味がなかった」とうそぶくときは、不正行為を矮小化しようとしている**
- **医学研究者が肥満を減らせないのは計測の基準がおかしいからだと怒るのは、言い逃れかもしれない**

- **グルーポンの出資者が、クーポンは店にとって無料の宣伝になると売り込むときは、反事実的な条件を考える**
- **自分の予測モデルは精度が高いと、モデルを構築した本人が主張するときは、間違った陽性反応が出る確率を訊いてみる**
- **自分のモデルは理論上の仮定を使っていないと言い張る専門家は、相手にしないほうがいい**
- **エコノミストが、悪天候が経済データを悪化させると主張するときは、データの集計方法を確認する**
- **調整されていない生の経済データを報道する記事は、月ごとの比較をしていない**
- **ある仮説を立てたら（たとえば、ファンタジー・スポーツの成績を左右する要因を予想したら）、どのようなデータが必要かを見きわめ、適切な疑問点を検証する**

ほとんどの場合、あなたが自分でデータを扱う必要はない。誰もひとりですべてを検証する時間はない。それでも、その数字の出所を知れば理解が深まる。その仮説がいつどのように立てられたかを知ることも、同じくらい重要だ。この本を書いた目的は、データの舞台裏を案内することだ。さまざまな数字がどのようにつくられたのかを知ってほしい。

そこで、最後にデータサイエンティストの日常を垣間見る二つのエピソードを紹介する。最初のエピソードは、私のブログ「Numbers Rule the World」に掲載した際に励ましのコメントをたくさんもらった。
グーグルのチーフエコノミストを務めるハル・ヴァリアンは、統計学者は「セクシーな」職業だと言った。「セクシー」「グラマー」という言葉にはどんな意味が隠されているのだろう。

人生の3時間を費やした難題

あるとき、私はちょっとした難題に人生の3時間を費やした。アカウントのファイルを、あるデータベースから別のデータベースに移すことになったのだ（ちなみにSQLサーバーからテラデータへの移行だが、ここではデータベースのメーカーは関係ない）。実際、私はいつも何かしらデータを移行している。このときのアカウントは匿名の顧客のもので、彼らの振る舞いを分析するために、ある期限を区切って私の会社とのやり取りを抽出しようとしていた。5章で紹介した小売り大手ターゲットの統計学者も、妊娠を予測するモデルを構築する際に似たような作業をしている。

作業を始めてすぐに、問題は、日付を表す数列を日付型（DATE型）としてテラデータに認識させることだと気がついた。日付は「07/20/2010」「07/25/2010」「08/01/2010」という形式だった。

言うまでもなく、私たちはひとめで日付だとわかる。しかし、テラデータにはわからない。これらの数列は日付だとテラデータを納得させないかぎり、私が指定した期限と、テラデータに移行したデータの日付を比較するという肝心の仕事をしてくれない。

テラデータは、07/20/2010を日付ではなくテキストの連続と見なす。私は最も簡単な解決策から試した。キャストというデータ型の変換コマンドだ。しかしコマンドは機能しなかった。「無効なデータ」が含まれているらしい。テラデータのマニュアルを調べると、キャストをするのに文字列の変換が必要だという。07/20/2010を2010-07-20に変換してから、日付にキャストするのだ。

さらに調べると、テラデータは私が使い慣れたソリューションの多くをサポートしていなかった。レギュラー・エクスプレッションズも、MDYタイプ・ファンクションも、ファインド・アンド・サブスティテューションも機能しない。私は洗練されたテクニックをあきらめ、部分文字列と連結という力ずくの作業に切り替えた。

試しにコマンド「cast（2010-07-20 as date）」を入力すると、テラデータは07/20/2010というデータを生成した。まさに私が求めていたものだ。ただし、見た目は確かに同じだが、人間の目は騙されやすい。データベースがこの数列を「日付」だと認めないかぎり、日付ではないのだ。

その後は何をやってもだめだった。テラデータとは仲良くできそうにない。どうすればいいのだろう。私は馴染みの友人、SQLサーバーに助けを求めた。先にこの日付の数列を日付型に変換してから、テラデータに移行しようと考えたのだ。

骨の折れる手順を踏んで、ようやくテラデータに移行した。しかし、日付はやはりテキストとして認識される。私は再びSQLサーバーを確認した。日付は日付型として認識されている。そうなると、二つのプラットフォームをつなぐ移行用のプログラムが、日付をテキストとして解釈しているに違いない。

試行錯誤の末、同僚が苦肉の策をひねり出した。日付を「日付時刻型（DATE TIME型）」の形式に変えるという荒業だ。たとえば07/20/2010 00:00:00となるが、時刻の情報はシステムに記録されていないため、時刻はどのデータもすべてゼロとなる。つまり、正確なデータに不要のデータを無理やりくっつけたのだ。日付を認識しないテラデータが、日付時刻型なら認識するだろうと推測する合理的な理由はなかった。論理的なアイデアが尽きると、人はとんでもないことを思いつく。

はたして、うまくいった。

SQLサーバーで日付の数列を日付時刻型に変換すると、テラデータはそれを正しく認識しただけでなく、日付時刻として、日付として、時間として、3回認識した。

データ変換の難関は乗り越えた。しかし、テラデータにデータを移行する際は専用のユーティリティソフトウエアが必要なのだが、これにも手こずった。おまけにこの日はネットワークの調子が悪く、何回も接続しなおさなければならなかった。こうして3時間後、ようやく片がついた。顧客の振る舞いを抽出する作業は、データベースに07/20/2010をテキストではなく日付として認識させる作業に変わっていた。SQLサーバーはいったん閉じてメンテナンスをかけた。顧客のやり取りはまだひとつも抽出できていない。先は長そうだ。

データを扱うあらゆるプロジェクトは似たような経験があるはずだ。決して例外ではない。これがデータサイエンティストの日常だ。

2　3日間で6000語を処理する

グーグルはインターネットの玄関口として、不動の地位を築きあげた。あなたもブラウザのアドレスバーに「fedex.com」と入力する代わりに、グーグルの検索ボックスに「Fedex」と入力したことがあるはずだ。大半のサイトは、訪問者の大多数がグーグルの検索を経由してくる。グーグルのアルゴリズムは、サイトの指名権を牛耳るキングメーカーだ。検索キーワードを入力すると、より関連性の高いページを選んで一覧を表示する。マーケティング担当者は検索結果の上位を目指して工夫を凝らすが、公正を期すためにアルゴリズムは定期的に変更される。

少し前に、グーグルにセーフサーチという機能が追加された。猥褻なコンテンツなどが含まれる不適切なサイトを検索結果から除外する機能だ。その直後から多くのサイト管理者が、グーグル経由のトラフィックが減ったことに気がついた。すべてがアダルトサイトとはかぎらない。セーフサーチのアルゴリズムは、特定のキーワードが完全に一致するかどうかではなく、関連するページを抽出するからだ。

ある金曜日、私はグーグルの新しい機能がトラフィックに与える影響を評価することになった。週末を含めて3日間でリポートを仕上げなければならなかった（結果的に、時間がかぎられていたおかげで命拾いをすることになる）。

ざっと見たところ、私のサイトでもグーグル経由のトラフィックは明らかに減っていた。私の上司にナンバーセンスがなかったら、その場で結論を出して喜ばせることもできた。グーグルがアルゴリズムを修正した結果、トラフィックが急減した。原因と結果はわかっている。しかし上司は、もっと具体的な答えを求めていた。訪問者数の減少は、アダルト関連の検索ワードだけが原因なのだろうか。

その答えを知るために、まず人々が何を検索しているのか調べる必要があった。トラッキングのツールを使い、その月にサイトを訪問した人が検索した6000語のキーワードを、検索数が多い順に並べた。そのデータを見つめていると次々に疑問が湧いてきた。とりあえず、精度が落ちることは無視して、数字の下2ケタを切り捨てた(訪問者数2453人は2500人とする)。さらに、トラッキングのツールは検索ワードをひとつも漏らさず提示していると信じることにした。

ここで、ある問題につまずいた。すべての検索ワードに紐づけられた訪問回数の合計と、ほかのソフトウェアが計算したトラフィックデータの数が一致しなかったのだ。しかも10%程度の差ではなく、片方の数字がもう片方の半分しかなかった。とはいえ、私もこの手の分析は数多く経験があり、ウェブデータの汚れた秘密を知っている。ウェブの世界は清廉潔白で完ぺきに説明できるシステムなどではなく、無数の糸が複雑に絡み合った蜘蛛の巣なのだ。そう、ビッグデータの時代だ。二つのツールが、比較に足る総計データを編集したという例は聞いたことがない。この分野に「一致する」という言葉は存在しない。

それでも、このような差を見つけるたびに私は困惑する。トラッキングのツールは検索キーワードのサンプルを抽出しただけなのだろうか。私はオフィスの時計を見た。時計を見るのは朝から何回目だろう。そして、10分だけ考えようと決めた。きっかり10分だ。数人のエンジニアと話をしたが、手がかりはなかった。この業界ではほとんどの人が不正確さを受け入れているのに、自分が間抜けな質問をしている気がしてきた。

時間がいたずらに流れていった。私は苦し紛れに仮説を立ててみた。キーワードトラッカーはトラフィックの相対的な変化を推測するが、トラフィックの総数を数えるなら、もうひとつのソフトウェアのほうが信頼できるのかもしれない。残念ながら、このような仮説を実証することはできない。仮説はあくまでも仮説だ。分析に理論を持ち出すのは、水漏れを紙でふせごうとするようなものだ。

私はデータに立ち戻った。最もつらい作業が待っていた――６０００語の検索キーワードを処理するのだ。見たところ、大きく五つのグループに分類できそうだ。いや、八つになるかもしれない。この先の作業を想像しただけでやる気を喪失した。単語を確認して、分類して、確認して、分類して、確認して、分類して、確認、分類、確認、分類……。弱気になった瞬間、私は近道の誘惑に屈した。二つの月について上位１００個の単語を抜き出し、それぞれの単語を経由した訪問数の増減を計算すればいいのだ。とくに目新しい方法ではない。似たような分析はこの本でも紹介してきた。ただし、この近道は袋小路の入り口でもあった。多くの分析アプローチと同じように、実際に手を出すまで、欠陥は巧妙に隠れているものだ。この場合も、検索キーワード上位100個のうち約40%が、どちらか片方の月しか登場しなかったのだ。ウェブ検索は生き物だ。検索キーワードは次々に現れては消えていく。たとえば、「ミット・ロムニー」は2012年11月の検索ランキングで1位だったが、2013年1月には姿を消した。

もうひとつ問題がある。検索キーワード上位100個は、すべての訪問数のうち10%しか説明できないのだ。このまま分析を続ければ、10件の訪問のうち9件を無視することになる。検索キーワードの上位は「ハロウィン」「ハリー・ポッター」など一般的な単語が中心だが、グーグル経由で訪問するユーザーの大多数は、もっと具体的に検索する。小さな検索が大量に集まると、大量の訪問をもたらす。これがいわゆる「ロングテール理論」だ。

この段階ですでに1時間を費やしていたが、私は前向きな気持ちになっていた。近道を途中で引き返したから、まだ成果は何もない。しかし回り道をしたおかげで、最初のアプローチを受け入れる余裕が生まれていた。6000語のキーワードの分類を省略するわけにはいかない。ありとあらゆる単語があっても、グループ分けはだいたい想像がつく。しかも、すべての訪問数を説明できる。最終的なリポートの輪郭が見えてきた。検索キーワードのグループごとに、訪問者の傾向を示す一覧表をつくればいい。

もちろん、実際に6000語すべてを評価したと言ったらウソになる。そもそも不可能だ。私が10秒間に1語を処理できるロボットで、休憩もなく集中力が一度も途切れないとしても、6000

語をすべて分類するには16時間以上かかる。しかし、時間に制限があったおかげで常識的な選択ができた。限られた時間内にできるだけ多くの単語を分類する、それで十分だろう。実際の分類作業は、催眠術にかけられたかのようだった。「ウォーキング・デッド」はテレビ番組、「Xチューブ」はアダルトサイト、「マンチェスター・ユナイテッド対チェルシー」はスポーツ……。何も考えない反復作業だったが、頭は疲れなかった。夕食を食べるのも忘れかけたくらいだ。

作業が進むにつれて、計画的な分類が必要だと感じた。トラッキングのツール(名の知れた大企業が開発したソフトウェアだった)は「生の」検索キーワードを抜き出す。グーグルのユーザーが入力したままの単語だから、タイプミスもある。私の会社の名前も、少なくとも20件はスペルミスがあった。頻繁に使われるキーワードは無数の表現がある。「チェルシー対マンチェスター・ユナイテッド」に「チェルシー対マンU」「マンU対チェルシーをダウンロード」。幅広いグループに分類しなければ、小さな断片のあいだに情報が埋もれてしまう。

2日目になるとだいぶ慣れてきた。まさに肉体労働だ。目の前に巨大なバケツが二つあり、「未分類」のバケツから「分類済み」のバケツにシャベルで流し込む。1時間おきにふと催眠術から覚めて、もう十分かもしれないと考えた。私の首にロングテールが巻きついていた。最初の100個は楽勝だった。次の100個はペースが落ちた。サイトのトラフィックとの関連性が薄れてきたのだ。馴染みのない単語が増えてきて、適切な分類を探さなければならなかった。1回にすくう量がしだいに減り、動きも遅くなった。しかし、十分な量を分類する前にやめてしまったら、上位

100個だけを分析する近道と同じ結果しか得られない。

私の精神状態を心配してくれているかもしれない。プログラムを組んでパソコンにやらせればいいとも思うだろう。それは私も考えた。しかし驚くことに、情報テクノロジーのあらゆる進歩は、機械化された解決策から生まれた結果ではないのだ。しかも現代のコンピュータは、まだ言葉を理解できない。テキストとして照らし合わせるだけだ。「経験ベイス法のモデル」というフレーズが、あるウェブページに含まれているかどうかを示すことはできる。しかし、それが統計のアプローチに関するサイトかどうかは、そのための分類タスクを学習したコンピュータでなければ判定できない。その学習をするためには、正しく分類されたサイトの事例が必要だ。訓練用のデータセットの構築に時間をかけることもできただろうが、目の前の作業を続けて分析を終わらせることにした。

私が経験した問題より複雑なものを、コンピュータに解決できるとはあまり思えない。たとえば、「オランダ」「オランダ　nyc」「オランダ　ブランチ」というキーワードは1つのグループか、それとも2つのグループに分類されるだろうか。実は、二つ目と三つ目はマンハッタンで話題のレストランのことだ。一方で、トラッキングツールによると1200人が「オランダ」を検索している。この1200人はレストランを探していたのか、それともオランダ人について調べていたのだろうか。両方という人もいるだろう。コンピュータも人間も、補足するデータがなければその謎を解くことはできない。

日曜日、私はついに手を止めた。残りの未分類の単語は、それぞれ数百件の訪問に結びつく程度で、取るに足りないと見てよさそうだった。分類が終わった単語はわずか1000個。全トラフィックの半分にしかならない。これだけ重労働を続けて、こんなにやり残していたとは！　しかし分析の結果、幸運なことに、私は賢いタイミングで分類をやめていた。トラフィックのかろうじて半分を分類して、残り半分は「その他」のグループに放り込んだが、いずれにせよサイトの売り上げにごくわずかしか貢献していないトラフィックだったのだ。

シャベル・エクササイズを始めたときは1万2000個のデータがあった（6000個の検索キーワードが2カ月間に生んだトラフィック数）。そのすべてを1枚のスプレッドシートに広げても、上位100個に絞っても、見る人を混乱させるだけだ。3日後、私は1ページのリポートにすべてを要約した。6000個の単語を六つのグループに分類し、それぞれのグループについてトラフィックの減少率を計算した。訪問者数の減少分はすべて、アダルトサイトに関連する検索キーワードがはじかれたせいなのだろうか。

グーグルの新しい機能は、かなりの量の不適切なサイトを食い止めているが、ほかの分野のサイトも却下する。それが私の結論だ。

謝辞

私の前著『ヤバい統計学』と二つのブログの読者、ツイッターのフォロワーに心から感謝している。みなさんに支えられて、こうして書き続けることができる。みなさんの熱意が、ノックス・ハストン率いるマグロウヒル出版のチームを動かした。ノックスは新米の父親としてたくさんの責任を果たしながら、この本のプロジェクトを指揮した。厳しいスケジュールを乗り切ってくれた制作チームにも多くの感謝を。私のエージェント、グレース・フリードソンはこの本の可能性を見抜いてくれた。

ジェイ・フー、オーガスティン・フォー、アダム・マーフィは資料を読み解いて文章にする作業に協力し、草稿をチェックしてくれた。次に名前を挙げる人たちは、アイデアについて議論し、人脈を紹介して、原稿の一部を読んでくれた。ラリー・カフーン、スティーブン・ペイデン、ダレル・フィリップソン、マギー・ジョルダン、ケイト・ジョンソン、スティーブン・タントノ、アマンダ・リー、バーバラ・ショーツアウ、アンドリュー・ティルトン、チアン・リン・ング、セザール・ルッソ博士、ビル・マクブライド、アネット・ファング、ケルビン・ノイ、アンドリュー・

レフェブレ、パティ・ウー、バレリー・トーマス、ヒラリー・ウール、タラ・ターペイ、セリーヌ・ファング、キャシー・マホニー、サム・クマール、フイ・ソー・チャエ、マイク・クルーガー、ジョン・リーン、スコット・ターナー、ミカ・バーチ、アンドリュー・ゲルマン。友人のローレント・レリティエには前著でうっかり感謝を伝え忘れた。今回もきっと名前が漏れてしまった人がいるだろう。ここに心から謝罪したい。

忙しい日々のなかで時間を作り、各章の原稿にコメントをくれた人たちに重ねて感謝する。スポーツが大好きというわけではない人にも8章に興味を持ってもらえるように、兄弟のピウスは喜んで実験台になってくれた。

この本を、残念ながら手に取ることがかなわなかった祖母に捧げる。動乱の時代に育ち、読み書きと料理を独学で身につけた勇敢な女性だ。祖母の料理が私の味覚を鍛えてくれた。統計学には、料理の世界から生まれた表現がたくさんある。祖母の影響がページにあふれている。

2013年4月　ニューヨークにて

訳者あとがき

「ビッグデータ」という言葉を聞かない日はない、と言っても大げさではないだろう。ビッグデータをめぐる期待と不安も、さまざまなかたちで議論されている。「ビッグ」とは巨大なデータではなく、小さなデータが大量に集まっている。肝心なのは、膨大な量のデータをいかに使いこなすかだ。すでに多くの企業が、データ分析を駆使して消費者の行動パターンやニーズを把握している。そのおかげで私たちは便利な生活を手に入れ、新しい体験を楽しむ一方で、つねに監視されているような不気味さも感じる。

ビッグデータの時代は紛れもない現実だ。私たちはもはや、数字や統計から逃れることはできない。ただし、データの量が増えれば、分析の手法や結果の数が増え、誤差や矛盾が増え、データを操作する余地も増える。データの使い方しだいでは、間違った結論を数字で裏づける（あるいは、裏づけているように見せかける）こともできてしまう。

だからこそ、数字に対する感覚を研ぎすます必要があるのだ。数字やグラフに振り回されず、もっともらしい解説や分析を鵜呑みにせずに、データの本質を見きわめる力。そうした統計のリテラシーを、本書では「ナンバーセンス」と呼ぶ。

著者のカイザー・ファングは学者というより現場主義の統計家で、統計的手法をマーケティングに応用するプロフェッショナルとして十数年のキャリアを持つ。前著『ヤバい統計学』では、ディズニーランドの行列や高速道路の渋滞、大腸菌O157の集団感染、クレジットカードの審査、ドーピング検査など、身近なテーマで統計的思考の大切さを語っている。

続編となる本書は、ナンバーセンスを磨いてデータを味方につけるヒントを教えてくれる。名門ロースクールの入学者選考、肥満とダイエット、お得な割引クーポンのからくり、ネットショップのおすすめメール、失業率、アメリカンフットボールのバーチャルゲームなど、今回も時代を反映する多彩なテーマで統計の世界を案内する。

ナンバーセンスの大きな要素は「違和感」だ。ロースクールの早期出願制度が、一部の志願者に学力テストを免除する理由は何か。レストランの人気料理を半額で食べられる共同購入クーポンは誰が得をして、誰が損をするのか。公的機関が発表する失業率や消費者物価指数が、私たちの実感とずれるのはなぜか。そうした違和感を見逃さず、その出所を探るうちに、数字の本当の意味が見えてくる。

ナンバーセンスが求められるのは、統計学者やエコノミストなど、数字を専門的に扱う側だけではない（もちろん、ナンバーセンスのない専門家による分析は悲惨な結果を招く）。本書の言うとおり、私たちの誰もがデータ分析の消費者なのだから、ナンバーセンスを身につけて賢い消費者になろうではないか。

前著に続いて、編集者の森田優介さんの力強いサポートをはじめ、たくさんの方々に支えられてこの本がかたちになりました。ありがとうございます。

２０１５年１月

矢羽野 薫

参考文献

■プロローグ

- Fung, Kaiser, *Numbers Rule Your World: The Hidden Influence of Probability and Statistics on Everything You Do*, New York: McGraw-Hill, 2010.（『ヤバい統計学』カイザー・ファング著／CCCメディアハウス／2011年）
- Gelman, Andrew, "Causality and Statistical Learning," *Statistical Modeling*, Causal Inference, and Social Science blog, March 4, 2010. データの解釈に関する詳しい事例。
- Ioannidis, John, P.A., "Genetic Associations: False or True?" *Trends in Molecular Medicine* 9, no. 4(April 2003): 135–138. 専門家による評価プロセスの「間違った陽性反応（偽陽性）」について。
- Kaushik, Avinash, *Web Analytics 2.0: The Art of Online Accountability and Science of Customer Centricity*, New York: Wiley, 2009. ウェブデータの入門書。
- McKinsey Global Institute, "Big Data: The Next Frontier for Innovation, Competition, and Productivity," May 2011.
- Pollster.com blog. "Rasmussen, Massachusetts, and Party ID," blog entry by Mark Blumenthal, Jan. 6, 2010.
- RealClearPolitics.com 全米の世論調査のデータ。
- Linda Shaw はワシントン州の小規模の学校についてシアトル・タイムズ紙に執筆。
- Silver, Nate, *The Signal and the Noise: Why So Many Predictions Fail*—but *Some Don't*, New York: Penguin, 2012.（『シグナル&ノイズ』ネイト・シルバー著／日経BP社／2013年）
- UnskewedPolls.com 全米の世論調査のデータ。
- Wainer, Howard, and Harris L. Zwerling, "Evidence That Smaller Schools Do Not Improve Student Achievement," *Phi Delta Kappan* 88, no. 4(Dec. 2006): 300–303.

■1　なぜロースクールの学長はジャンクメールを送り合うのか？

- Caples, John, and Fred Hahn, *Tested Advertising Methods*, 5th edition, New York: Prentice Hall, 1998. ダイレクトマーケティングの古典。
- Caron, Paul L., "Did 16 Law Schools Commit Rankings Malpractice?" *TaxProf* blog, May 12, 2010.

- Gordon, Larry, "Claremont McKenna College Inflated Freshman SAT Scores, Probe Finds," *Los Angeles Times*, Jan. 30, 2012.
- Henderson, Bill, "If Yale is #1 in *U.S. News*, Is It the Best Law School?" *Empirical Legal Studies* blog, Sept. 2, 2008.
- Jones Day, and Duff & Phelps, "Investigative Report: University of Illinois College of Law Class Profile Reporting," Nov. 7, 2011.
- Leiter, Brian, "Sextonism Watch," *Brian Leiter's Law School Reports* blog, Aug. 5, 2005.
- Meisel, Hannah, "College of Law Report Reveals Pless' Interest in iLEAP Program," *Daily Illini*, Nov. 10, 2011.
- ミシガン大学ロースクールの統計データ。http://www.law.umich.edu/prospectivestudents/Pages/classstatistics.aspx.
- O'Melveny & Myers LLP, Apalla Chopra, and Carolyn Kubota, "Investigative Report Prepared on Behalf of the Board of Trustees of Claremont McKenna College," April 17, 2012.
- Sauder, Michael, and Wendy Nelson Espeland, "Strength in Numbers? The Advantages of Multiple Rankings," *Indiana Law Journal* 81, no. 205 (2006): 205–227.
- Zearfoss, Sarah, "Revisiting the Wolverine Scholars Program," The University of Michigan Career Center blog, June 1, 2011.

以下の3点はUSニューズ・ランキングの欠陥について詳しい。ただし、「最適なランキング」はそもそも存在しない。

- Cloud, Morgan, and George B. Shepherd, "Law Deans in Jail," *Emory University School of Law Legal Studies Research Paper Series* #12-199, 2012.
- Klein, Stephen P., and Laura Hamilton, "The Validity of the *U.S. News and World Report* Ranking of ABA Law Schools," 全米ロースクール協会（Association of American Law Schools）のサイトにも掲載されている。www.aals.org, Feb. 18, 1998.
- Seto, Theodore P., "Understanding the *U.S. News* Law School Rankings," *SMU Law Review* 60(2007): 493–576.

■2　違う統計を使えばあなたの体重は減るだろうか？

- 米疾病対策センター（CDC）のサイト。肥満について州別の統計や地図が公開されて

いる。 http://www.cdc.gov/obesity/data/adult.html.
- Curtin, Francois, Alfredo Morabia, Claude Pichard, and Daniel O. Slosman, "Body Mass Index Compared to Dual-Energy X-Ray Absorptiometry: Evidence for a Spectrum Bias," *Journal of Clinical Epidemiology* 50, no. 7(1997): 837–843.
- Flegal, Katherine M., Margaret D. Carroll, Cynthia L. Ogden, Lester R. Curtin, "Prevalence and Trends in Obesity Among U.S. Adults, 1999–2008," *Journal of the American Medical Association* 303, no. 3(Jan. 20, 2010): 235–241. キャサリン・フレガルたちの研究チームはアメリカの肥満傾向を追跡した論文を発表している。本書では、性別と年齢別の肥満の割合を推測するにあたり彼らの統計を利用した。
- Fung, Kaiser, "The Inevitable Perversion of Measurement," *Numbers Rule Your World* blog, June 4, 2012.
- Gallagher, Dympna, Steven B. Heymsfield, Moonseong Heo, Susan A. Jebb, Peter R. Murgatroyd, and Yoichi Sakamoto, "Healthy Percentage Body Fat Ranges: An Approach for Developing Guidelines Based on Body Mass Index," *The American Journal of Clinical Nutrition* 72, no.3(2000): 694–701.
- Healy, Melissa, "We May Be Fatter Than We Think, Researchers Report," *Los Angeles Times*, April 2, 2012. (サイトで閲覧した)
- Keys, Ancel, Flaminio Fidanza, Martti J. Karvonen, Noboru Kimura, and Henry L. Taylor, "Indices of Relative Weight and Obesity," *Journal of Chronic Diseases* 25, no. 6–7(1972): 329–343. BMI (ボディマス指数) と命名した論文。
- Klein, Samuel, David B. Allison, Steven B. Heymsfield, David E. Kelley, Rudolph L. Leibel, Cathy Nonas, and Richard Kahn, "Waist Circumference and Cardiometabolic Risk," *Diabetes Care* 30, no.6 (2007): 1647–1652.
- Kopelman, Peter, "Foresight Report: The Obesity Challenge Ahead," *Proceedings of the Nutrition Society* 69(2010): 80–85. 肥満の原因に関するイギリスの研究。
- Kurth, Tobias, J. Michael Gaziano, Klaus Berger, Carlos S. Kase, Kathryn M. Rexrode, Nancy R. Cook, Julie E. Buring, and JoAnn E. Manson, "Body Mass Index and the Risk of Stroke in Men," *Archives of Internal Medicine* 162, no. 22(2002): 2557–2562. 集団相対危険度は、集団全体と暴露群の罹患率の比。
- Ogden, Cynthia L., Susan Z. Yanovski, Margaret D. Carroll, and Katherine M. Flegal, "The Epidemiology of Obesity," *Gastroenterology* 132(2007): 2087–2102.
- Prentice, A. M., and S. A. Jebb, "Beyond Body Mass Index," *Obesity Reviews* 2(2001):

141–147. BMI への反論が的確にまとめられている。

• Shah, Nirav R., and Eric R. Braverman, "Measuring Adiposity in Patients: The Utility of Body Mass Index (BMI), Percent Body Fat, and Leptin," *PLoS ONE* 7, no. 4(April 2012): e33308.

• Taubes, Gary, *Why We Get Fat and What to Do About It*, New York: Knopf, 2011. (『ヒトはなぜ太るのか?』ゲーリー・トーベス著/メディカルトリビューン/ 2013 年) サイエンス担当記者が肥満の蔓延に対する医療制度のアプローチを批判している。

• *The Weight of the Nation*, HBO, May 2012.

• Winfrey, Oprah, "How Did I Let This Happen Again?" *O, The Oprah Magazine*, Jan. 2009.

■ 3　客が入りすぎて倒産するレストランはあるか?

■ 4　クーポンのパーソナライズは店舗や消費者の役に立つか?

• *All Things Digital* blog. アンドリュー・メイソンが社内に配布したメモはカラ・スウィッシャーが暴露した。

• Arrington, Michael, "LivingSocial Financials Exposed: $2.9 Billion Valuation, $50 Million in Revenue Per Month," *Tech Crunch* blog, Apr. 15, 2011.

• Burke, Jessie, "Groupon in Retrospect," *Posies Cafe* blog, Sept. 11, 2010.

• Eaton, Kit, "Twitter Really Works: Makes $6.5 Million in Sales for Dell," *Fast Company* blog, Dec. 8, 2009.

• Salmon, Felix, "Grouponomics," *Felix Salmon Reuters* blog, May 4, 2011.

• ———; "Whither Groupon?" *Felix Salmon Reuters* blog, Sept. 1, 2011.

• Fung, Kaiser, "Grouponomics, and the Power of Counterfactual Thinking," *Numbers Rule Your World* blog, May 6, 2011.

• ———, *Numbers Rule Your World: The Hidden Influence of Probability and Statistics on Everything You Do*, New York: McGraw-Hill, 2010, Chapter 4. (『ヤバい統計学』第 4 章 ドーピング検査とテロ対策)

• Groupon, Inc., Initial Public Offering Prospectus (Form S-1), June 2011.

• ———, Fourth Quarter and Fiscal Year 2012 Results, Feb. 27, 2013.

• IDC and Business Software Alliance, "Seventh Annual BSA/IDC Global Software 09 Piracy Study," May 2010.

• Pogue, David, "Psyched to Buy, in Groups," *The New York Times*, p. B1, Feb. 10,

2011.
- Popper, Ben, "Greed is Groupon: Can Anyone Save the Company From Itself?" *The Verge*, March 13, 2013. グルーポンに関する検証記事のひとつ。
- Primack, Dan, "What Really Happened at LivingSocial?" *Fortune The Term Sheet* blog, Feb. 21, 2013.
- Rubin, Donald B., "Causal Inference Using Potential Outcomes," *Journal of the American Statistical Association* 100, no. 469(2005): 322–331.
- Siegel, Eric, *Predictive Analytics: The Power to Predict Who Will Click, Buy, Lie, or Die*, New York: Wiley, 2013.（『ヤバい予測学』エリック・シーゲル著／CCC メディアハウス／2013 年）アップリフトモデリングに関する第 7 章が参考になる。

■ 5　なぜマーケターは矛盾したメッセージを送るのか？

- Anderson, Chris, "The End of Theory: How the Data Deluge Makes the Scientific Method Obsolete," *Wired*, June 23, 2008.
- Zhong, Chen-Bo, and Katie Liljenquist, "Washing Away Your Sins: Threatened Morality and Physical Cleansing," *Science* 313, no. 5792(Sept. 8, 2006):1451–1452.
- Derman, Emanuel, *Models.Behaving.Badly: Why Confusing Illusion with Reality Can Lead to Disaster, on Wall Street and in Life*, New York: Free Press, 2012. 社会科学のモデルと物理学のモデルの違いをわかりやすく論じている。
- Duhigg, Charles, *The Power of Habit: Why We Do What We Do in Life and Business*, New York: Random House, 2012.（『習慣の力』チャールズ・デュヒッグ著／講談社／2013 年）
- ———; "How Companies Learn Your Secrets," *New York Times Magazine*, Feb. 16, 2012.
- Fung, Kaiser, *Numbers Rule Your World: The Hidden Influence of Probability and Statistics on Everything You Do*, New York: McGraw- Hill, 2010, Chapter 4.（『ヤバい統計学』第 4 章 ドーピング検査とテロ対策）
- Kahneman, Daniel, *Thinking, Fast and Slow*, 2011, New York: Farrar, Straus, and Giroux, 2011.（『ファスト＆スロー』ダニエル・カーネマン著／早川書房／ 2012 年）
- Taleb, Nassim Nicholas, *The Black Swan: The Impact of the Highly Improbable*, New York: Random House, 2007.（『ブラック・スワン』ナシーム・ニコラス・タレブ著／ダイヤモンド社／ 2009 年）過去のパターンに頼りすぎる弊害について論じている。

■6　失業率の増減をあなたが実感できないのはなぜか？

- Bowler, Mary, and Teresa L. Morisi, "Understanding the Employment Measures from the CPS and CES Survey," *Monthly Labor Review* 129: (Feb. 2006) 23–38.
- Dahlin, Brian, "How the Business Birth/Death Model Improves Payroll Employment Estimates," *Issues in Labor Statistics*, Oct. 3, 2008.
- ——— ; "Seasonal Adjustment and Calendar Effects Treatment in All Employee Hours and Earnings Estimates," *Issues in Labor Statistics*, Feb. 5, 2010.
- Haugen, Steven E., "Measures of Labor Underutilization from the Current Population Survey," *Bureau of Labor Statistics Working Paper* 424, March 2009.
- Krugman, Paul, "Constant-Demography Employment," *The Conscience of a Liberal* blog, Oct. 6, 2012. 雇用状況から人口増加を調整する方法について。
- Mueller, Kirk, "Impact of Business Births and Deaths in the Payroll Survey," *Monthly Labor Review* 129: (May 2006) 28–34.
- ジョン・クルーデルのコラムはニューヨーク・ポスト紙のサイト（www.nypost.com）に掲載されている。

■7　誰がどうやって物価の変動を見極めているのか？

- Bureau of Labor Statistics, *BLS Handbook of Methods*, Chapters 1, 16, and 17.
- ———, "The So-Called 'Core'Index: History and Uses of the Index for All Items Less Food and Energy," *Focus on Prices and Spending* 1(15): 1–3, Feb. 2011.
- 消費者物価指数と消費者支出に関するデータは、労働統計局のサイトの以下を参照。http://www.bls.gov/cpi および http://www.bls.gov/cex
- Dickson, Peter R., and Alan G. Sawyer, "The Price Knowledge and Search of Supermarket Shoppers," *Journal of Marketing* 54: 42–53, July 1990.
- Kahneman, op. cit.
- *Merriam-Webster's Collegiate Dictionary*, Eleventh Edition, Springfield, MA: Merriam-Webster, 2004, p. 277.「コア」という言葉の定義。
- Schnepf, Randy, "Consumers and Food Price Inflation," *Congressional Research Service Report* 7-5700, Sep. 13, 2013.
- Van der Klaauw, Wilbert, Wändi Bruine de Bruin, Giorgio Topa, Simon Potter, and Michael Bryan, "Rethinking the Measurement of Household Inflation Expectations: Preliminary Findings," *Federal Reserve Bank of New York Staff Report* No. 359, Dec.

2008, Figure 1.2.

■ 8　コーチと GM どちらが勝敗のカギを握るか？

• ESPN.com. ファンタジー・フットボールのデータは各リーグの公式サイトで入手できる。

• Fung, Kaiser, *Numbers Rule Your World: The Hidden Influence of Probability and Statistics on Everything You Do*, New York: McGraw-Hill, 2010, Chapter 3.（『ヤバい統計学』第 3 章 大学入試とハリケーン保険）本書では、リーグとチームのオーナーの名前は仮名。

カイザー・ファング
Kaiser Fung
統計的手法を広告やマーケティングに適用する統計のプロフェッショナル。10年を超えるキャリアをもつ。ニューヨーク大学非常勤教授。プリンストン大学とケンブリッジ大学を卒業し、ハーバード・ビジネススクールでMBA(経営学修士号)を取得。ブログJunk Chartsは、マスメディアに登場するデータやグラフィックの批判的検証という新しい研究領域を切り開いたとして高く評価されており、ファンも多い。著書に『ヤバい統計学』(CCCメディアハウス)がある。
www.kaiserfung.com

矢羽野 薫
やはの・かおる
千葉県生まれ。慶應義塾大学卒。主な訳書に『ヤバい統計学』、『ヤバい予測学』(以上、CCCメディアハウス)、『マイクロソフトでは出会えなかった天職』(ダイヤモンド社)、『最後の授業』(ソフトバンク クリエイティブ)、『ディズニー 夢の王国をつくる』、『人間はどこまで耐えられるのか』(以上、河出書房新社)など。

校閲　円水社

ナンバーセンス

ビッグデータの嘘《うそ》を見《み》抜《ぬ》く「統計《とうけい》リテラシー」の身《み》につけ方《かた》

2015年2月6日　初版発行

著者——カイザー・ファング

訳者——矢羽野薫

発行人—小林圭太

発行所—株式会社CCCメディアハウス
〒153-8541 東京都目黒区目黒1丁目24番12号
電話　03-5436-5721(販売)　03-5436-5735(編集)
http://books.cccmh.co.jp

印刷・製本—豊国印刷株式会社

Printed in Japan
ISBN978-4-484-15101-4

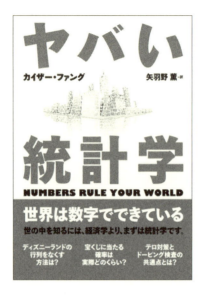